U0384561

河西走廊
常见脊椎动物

HEXIZOULANG CHANGJIAN
JIZHUI DONGWU TUCE 图册

包新康　张立勋　廖继承 / 编著

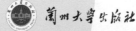
兰州大学出版社

图书在版编目(CIP)数据

河西走廊常见脊椎动物图册 / 包新康,张立勋,廖
继承编著. —兰州:兰州大学出版社,2014.6
　　ISBN 978-7-311-04488-6

　　Ⅰ.①河… Ⅱ.①包… ②张… ③廖… Ⅲ.①河西走
廊—脊椎动物门—图谱 Ⅳ.①Q959.308-64

　　中国版本图书馆 CIP 数据核字(2014)第 136634 号

策划编辑　张爱民
责任编辑　张爱民　武素珍
封面设计　管军伟

书　　名　河西走廊常见脊椎动物图册
作　　者　包新康　张立勋　廖继承　编著
出版发行　兰州大学出版社
　　　　　(地址:兰州市天水南路 222 号　730000)
电　　话　0931-8912613(总编办公室)
　　　　　0931-8617156(营销中心)
　　　　　0931-8914298(读者服务部)
网　　址　http://www.onbook.com.cn
电子信箱　press@lzu.edu.cn
印　　刷　甘肃澳翔印业有限公司
开　　本　787 mm×1092 mm　1/32
印　　张　4.5
字　　数　45 千
版　　次　2014 年 6 月第 1 版
印　　次　2014 年 6 月第 1 次印刷
书　　号　ISBN 978-7-311-04488-6
定　　价　16.00 元

(图书若有破损、缺页、掉页可随时与本社联系)

前 言

　　河西地区指甘肃省的西半部,有黄河之西之意,东起乌鞘岭,西到玉门关,介于蒙古高原和青藏高原之间,南侧为绵延800多公里的祁连山,北侧自东至西有龙首山、合黎山和马鬃山,之间长约1000公里狭长低地,形如走廊,又名"河西走廊"。这一"走廊"自古就是沟通西域的要道,古之丝绸之路就从这里经过。

　　河西走廊属大陆性干旱气候,年降水量多不足200毫米;自东而西年降水量渐少,干燥度渐大,日照时数增加。走廊东北部有腾格里沙漠和巴丹吉林沙漠楔入,西部广布砾石戈壁;虽干旱少雨、荒漠广布,但却又水草丰美、物产丰富,有"西北粮仓"之称,这得益于祁连山积雪和冰川的融水滋养。河西东有石羊河,西为疏勒河,中部有黑河。三大内流河自祁连山向北、向西流入内陆,沿途灌溉出大片绿洲。

　　河西分布的野生动物以荒漠、干旱区代表物种为主,但也有一些山地物种成分;同时,河流水系形成的湿地也使得许多土著鱼种、候鸟水禽分布其间。

　　多年来,兰州大学生命科学院在民勤荒漠、祁连山地开展生物学野外实习,积累了丰富的动物照片资料,加之我们在河西荒漠、内流河区域多年的科研工作,为本图册的出版奠定了基础。

　　本图册基本涵盖了甘肃河西常见脊椎动物,包括鱼类17种、两栖类2种、爬行类10种、鸟类134种、哺乳类29种。为便于识别,本图册所附的手绘图片修改自《中国鸟类野外手册》(马敬能,2000)、《东北鸟类图鉴》(常家传,1995)、《甘肃脊椎动物志》(王香亭,1991)和《中国哺乳动物彩色图鉴》(潘清华等,2007)。鸟类分类系统依据郑光美(2011)的《中国鸟类分类与分布名录》。图册的编辑与印刷得到国家基础学科人才培养基金(J1210077,J1210033,J1103502)和教育部特色专业综合改革试点项目(生态学)的资助;整理过程中得到了冯虎元副院长、赵伟老师、刘方庆硕士以及兰州大学生物学野外实习队其他成员的指导和帮助,在此表示衷心感谢!

　　由于水平有限、时间匆忙,错误之处在所难免,恳请大家批评指正。

编者

2014年6月

目　录

鱼纲 Pisces

两栖纲 Amphibia

爬行纲 Reptilia

鸟纲 Aves

哺乳纲 Mammalia

鱼 纲

PISCES

3目，4科，17种

I 鲤形目 Cypriniformes

1 鳅科 Cobitidae

(1) 泥鳅 *Misgurnus anguillicaudatus*

体细长,稍侧扁;吻长短于眼后头长;尾鳍圆形,尾柄基部上侧具一明显的黑斑,尾柄长为尾柄高的1~2倍;眼间距为眼径的2倍;口下位,较小,呈马蹄形;须5对,其中口角须1对、吻须2对、颏须2对。

生活于静水的底层,常出没于湖泊、池塘、沟渠和水田底部富有植物碎屑的淤泥表层,对环境适应力强。

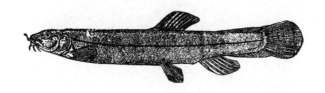

(2) 大鳞副泥鳅 *Paramisgurnus dabryanus*

体长而侧扁;头短呈锥形;吻短而钝;口下位,呈马蹄形;具须5对,其中吻须2对、口角须1对、颏须2对,各须纵长;眼稍大,位于头侧上方,无眼下刺;鳃耙短,呈三角形;咽齿细小;背鳍短,位于身体中部偏后方。

生活于底泥较深的浅水水域。杂食性,幼鱼以浮游动物为食,成鳅以植物为食。

(3)河西叶尔羌高原鳅 *Triplophysa yarkandensis*

头部短粗，胸鳍附近很宽；尾柄短，尾柄高不及尾柄长的1/2；口须3对。其第1鳃弓内侧具12～21覆鳃耙。

生活于河流缓流、湖泊泥沙底多水草处，以动物性食物为主食，是高原鳅属中个体较大的种类。

(4)酒泉高原鳅 *Triplophysa hsutschouensis*

体延长而平直，头小而圆，眼侧上位，口下位，呈弧形。须3对，内吻须达口角，外吻须达后鼻孔。侧线完全，体表光滑无鳞。

生活于河流缓流河段，以动物性食物为食。

(5)修长高原鳅 *Triplophysa leptosoma*

唇厚,上唇乳突较多,排列成流苏状;下唇具乳突及深皱褶。下颌匙状。腹鳍基部起点约与背鳍第1分支鳍条之基部相对。鳔后室退化。肠短,呈"Z"字形。

小型鱼类,生活于河流、沟渠及湖泊多水草浅滩处。主要以昆虫幼虫为食。

分布于长江及黄河上游、西藏北部、柴达木盆地、青海湖及甘肃河西走廊等地。

(6)石羊河高原鳅 *Triplophysa shiyangensis*

体延长,前躯略呈圆柱形,后躯侧扁;通体裸露无鳞,侧线不全,终止于背鳍下方;须3对;背鳍窄而高。体背和侧方暗绿色,腹部淡黄,各鳍橙黄;背部有一较宽的暗黑纵带,体侧沿体轴有一暗黑带;背、尾、胸鳍有许多密麻小点,臀鳍无斑点。

生活于泉水汇流、水量小的小河河湾;杂食性。

(7)武威高原鳅 *Triplophysa wuweiensis*

体延长，前躯略呈圆筒形，背鳍后部侧扁；通体裸露无鳞，侧线完全，须3对；背鳍末端不分支鳍条变硬，其变硬部分占该鳍条长的2/3以上；尾鳍叉状。体色沙黄或褐灰，腹部灰白；背鳍

基前稍隆起，沿隆起处向后有一剪叉形黑斑，背鳍基前有5个不规则黑斑，大致呈双行排列；背鳍后两侧有较大斑点。

小型底栖鱼类，常在小河湾汊、岸边为河水冲刷而浸于水的树根须根下隐藏；杂食性。

2 鲤科 Cyprinidae

(8)鲤鱼 *Cyprinus carpio*

体形高而稍侧扁；侧线鳞35～36枚；吻钝圆，头中等大；口端位，上颌稍突出于下颌；须2对，口角须较发达；眼中大，侧上位；咽喉齿3行，有发达的咀嚼面。

适应性很强，多栖息于底质松软、水草丛生的水体。以食底栖动物为主的杂食性鱼类。

(9)鲫鱼 *Carassius auratus*

体宽长而侧扁；侧线鳞26～
29枚；腹部凸，头小，吻钝；口端
位，呈弧形；下颌稍向上斜；唇
厚；口须缺如；眼大，眼下缘在口
裂之上；咽喉齿1行。

杂食性，适应性强。

(10)草鱼 *Ctenopharyngodon idellus*

体粗壮而形长，前躯圆而尾部
侧扁；头大，顶部宽平；吻圆钝；口端
位，口裂稍斜；无口须；眼小，侧上
位；咽齿2行，侧扁，梳状，齿面有狭
凹，中有1沟；侧线鳞39～42枚。

喜栖居于江河、湖泊等水域的中、下层和近岸多水草区域。性情
活泼，游泳迅速，常成群觅食，性贪食，为典型的草食性鱼类。

(11)麦穗鱼 *Pseudorasbora parva*

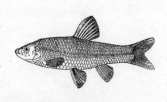

体长而侧扁,腹部圆;吻微突出;口小,上位,向上斜裂;侧线完全而平直;体侧每一鳞片后缘有新月形的黑斑;幼鱼通常在体侧中央从吻部至尾鳍基部具一条黑色纵纹;下颌长于上颌,口角须缺如。

为江河、湖泊、池塘等水体中常见的小型鱼类,生活在浅水区。杂食,主食浮游动物。

(12)棒花鱼 *Abbottina rivularis*

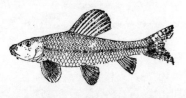

体延长,后部侧扁;背部稍隆起,腹平坦;眼小;吻部前端圆钝,吻背在鼻孔前方下陷;口下位,口角须1对,约与眼径等长;侧线直而完全。雄鱼头背黑色,腹部银白,雌鱼体色较暗;体背具5个大横斑,体侧沿中轴有8个较大黑斑;体侧上部每个鳞片的后缘有一黑色斑点。生殖时期雄鱼胸鳍外缘及颊部、鳃盖、吻侧均有粗糙的白色珠星。

小型底层鱼类,分布几遍全国各水系。

(13)鲢鱼 *Hypophthalmichthys molitrix*

亦称"白鲢"。体侧扁而稍高，腹部窄狭；腹棱完全，从喉部直到肛门。体色银白。头长为体长的1/4，吻短而圆钝。口端位，口裂稍上倾，口角下伸眼前缘之下。眼小，位头侧中轴线之下；眼间距宽。鳃耙细密，互相交织如海绵状。

栖息于水体的中、上层，性活泼。滤食浮游生物，主要以浮游植物为主。

(14)花鲢(鳙) *Aristichthys nobilis*

体形高而侧扁，腹鳍基部前的胸腹部较圆；腹棱仅限于腹鳍至肛门的腹中线处；体色淡黑；头长为体长的1/3，其长大于体高；吻圆钝；口端位，口裂上倾，口角在眼前缘垂直距离之下，下颌突出；上唇中部厚；眼间距宽阔；鳃耙细密，但较鲢鱼疏。

生活于静水的中上层，动作较迟缓，不喜跳跃。滤食浮游动物为主，亦食一些藻类。

(15)祁连裸鲤 *Gymnocypris chilianensis*

体长，侧扁。口亚下位，口裂较大。下颌无锐利角质。唇薄，下唇侧叶狭窄，唇后沟不连续。无须。体大部裸露无鳞，仅有少数臀鳞和肩鳞。背鳍刺强，具发达的锯齿。体侧具多数环状、点状或条状的斑纹。

栖息在高原谷河道之中，水的中层。杂食，食性范围广，体重最大2～3公斤，少有5～6公斤。

Ⅱ 鲈形目 Perciformes

3 鰕虎鱼科 Gobiidae

(16)波氏栉鰕虎鱼 *Ctenogobius cliffordpopei*

体细长，成圆筒状。胸鳍后的身体侧扁。头较长，扁平。口端位，口裂大，稍倾斜。上下颌3行。吻较长而钝。唇肥厚，上唇较下唇宽。每侧鼻孔2个，相距较远。腹鳍胸位，吸盘后缘呈锯齿状。臀鳍宽大，外缘弧形。体侧被栉鳞，腹部为圆鳞。

生活在沙石底的山溪流水的浅水区。

Ⅲ 鲶形目 Siluriformes

4 鲶科 Siluridae

(17) 鲶鱼 *Silurus asotus*

体长形,头部平扁,尾部侧扁。口下位,口裂小。下颚突出。齿间细,绒毛状,颌齿及梨齿均排列呈弯带状,梨骨齿带连续,后缘中部略凹入。眼小,被皮膜。须2对,上颌须可深达胸鳍末端,下颌须较短。体无鳞。背鳍很小,无硬刺。无脂鳍。臀鳍很长,后端连于尾鳍。

生活于水体的中下层,多在沿岸地带活动。肉食性。

两栖纲
AMPHIBIA

1目，2科，2种

无尾目 Anura

1 蟾蜍科 Bufonidae

(1)花背蟾蜍 *Bufo raddei*

主要分布于我国;古北界;分布型:东北—华北型(X)

体较中华蟾蜍小;雌性体背酱色花斑显著;头部无骨质棱;第4指短,约为第3指的1/2,1、3指几乎等长;雄性有单一咽下内声囊。

花背蟾蜍适应性强,在海拔600~2700m均有分布;白昼多匿居于草石下或土洞内,黄昏时出外寻食,冬季成群穴居在沙土中。

2 蛙科 Ranidae

(2) 中国林蛙 *Rana chensinensis*

广布种；分布型：东北—华北型（X）

外形较小；颞部有三角形黑斑；头扁平，吻钝圆；背侧褶在颞部形成折曲；胫跗关节前达鼓膜或眼部；雄性有一对咽侧下内声囊。

分布范围广，栖息于海拔 600～3200m 的河谷、丘陵、溪流、湖沼地带；冬季群集在河水深处的大石块下进行冬眠。食物主要为鞘翅类昆虫，亦有少数的蜘蛛类。

爬行纲

REPTILIA

2亚目，6科，10种

I 蜥蜴亚目 Lacertilia

1 壁虎科 Gekkonidae

特征:头顶无成对的大鳞片;有活动眼睑。

(1)隐耳漠虎 *Alsophylax pipiens*

古北界蒙新区;分布型:中亚型(D)

指、趾端不扁平扩大,底部有单行皮瓣,两侧无栉缘;瞳孔纵置;体背棕褐,有明显的4~5条深色横纹。

生活于沙漠、戈壁石块或洞穴内,亦见栖于沙蜥或麻蜥洞中;昼伏夜出;捕食昆虫。

(2)新疆沙虎 *Teratoscincus przewalskii*

古北界蒙新区;分布型:中亚型(D)

头大而高,吻钝眼大;指、趾端不扩张,底部被粒鳞,侧面有明显栉状缘;背部大鳞始于肩部;体背及尾背各有4~5条棕黑色横纹。

生活于戈壁滩或耕地附近的沙石地;白天隐居洞穴中,夜晚捕食昆虫。

2 鬣蜥科 Agamidae

特征:头顶无成对的大鳞片;有活动眼睑。

(3)荒漠沙蜥 *Phrynocephalus przewalskii*

蒙新区、青藏区;中亚型或蒙古高原型(D或G)

头背有大块黑斑,沿背嵴有宽的黑色纵纹,尾末端黑色;背中央几行鳞具棱;鼻间距小于鼻孔至眶前褶距离,但大于鼻孔至眶前褶距的1/2。

生活于荒漠或有砾石的沙土地带;穴居,洞穴简单,洞深约250mm。胃检食物有昆虫和植物碎片。

(4) 变色沙蜥 *Phrynocephalus versicolor*

蒙新区；中亚型（D）

头宽圆，体背鳞片光滑；后肢前伸趾端可达颞部或眼前缘，尾为体长的1.5倍左右；四肢及尾背面有显著的黑色横斑；具紫红色腋斑。

生活于沙漠、戈壁滩；以蚂蚁等昆虫为食。

3 蜥蜴科 Lacertidae

特征:头顶有成对的大鳞片;腹鳞近方形纵横排列成行;有股窝。

(5)荒漠麻蜥 *Eremias przewalskii*

蒙新区;中亚型(D)

又称虎纹麻蜥。体背黄褐色,体背、尾背及四肢背面有宽而不规则的黑横斑;两侧股窝在肛前相隔8~11枚鳞片;前枚眶上鳞的长度大于从它到后颊鳞的距离;前额鳞2枚;腹面大鳞一横列18枚(偶有16或20枚)。

生活于沙漠中有植被的地带,筑洞于灌木附近,主要捕食昆虫。

(6)密点麻蜥 *Ereimas multiocellata*

古北界广布;中亚型(D)

体形中等;两侧股窝在肛前相隔8～11枚鳞片;前枚眶上鳞的长度大于从它到后颊鳞的距离;前额鳞2枚;腹面大鳞-横列12(14～18)枚;背部有深色网纹或略呈纵行的点斑。

生活于干草原上及荒漠、半荒漠边缘的稀疏灌丛地带,觅食各种小型昆虫及其幼虫。

(7)虫纹麻蜥 *Eremias vermiculata*

蒙新区;中亚型(D)

体较细长;两侧股窝在肛前相隔3～5枚鳞片;腹面大鳞一横排18枚;体背褐灰色,满布纵行的虫纹状条纹;尾细长,为头体长的210%（♂）和 181%（♀）。

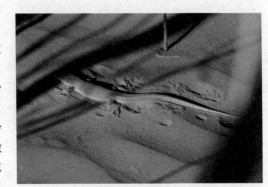

生活于荒漠、沙漠与农田相邻地区的沙丘或草丛附近,筑洞于松软沙土层;动作敏捷、速度快;以昆虫为食。

Ⅱ 蛇亚目 Serpentes

4 游蛇科 Colubridae

(8)花条蛇 *Psammophis lineolatus*

蒙新区;中亚型(D)

蛇体细长,头颈区分明显,尾细长而尖。体鳞光滑;背鳞17—17—13行;肛鳞2,背面有明显的纵纹。体背灰色,有灰黑色纵线4条。

栖居于荒漠、半荒漠草地,捕食蜥蜴等。

5 蝰科 Viperidae

(9)中介蝮 *Gloydius intermedius*

蒙新区；中亚型(D)

毒蛇；头略呈三角形，尾骤然变细；体沙褐色，背部深褐色斑块间有浅色窄横纹；眼后黑眉纹明显；有颊窝，管牙毒牙。

在甘肃栖居于较干旱的平原、丘陵、戈壁、高山的麦田等生境；捕食蜥蜴、蛙、鸟等。

6 蟒蛇科 Boidae

(10) 沙蟒 *Eryx miliaeis*

蒙新区；中亚型(D)

体小型；头颈区分不明显；眼极小，瞳孔直立；躯干圆柱形，肛门两侧有爪状后肢残余，尾极短；体背淡褐色，有暗褐色斑纹，前颌骨无齿；头部及躯干均被小鳞，两眼间有小鳞6枚，眼与鼻鳞间有小鳞2～4枚。

栖息于半荒漠或荒漠沙土地带，白天潜伏于沙中或鼠洞中，能于沙下自由移动，夜间出来捕食小型爬行类或鼠类。无毒。

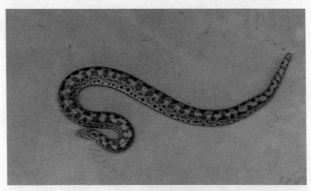

鸟 纲

AVES

18目，44科，134种

中央冠纹
侧冠纹
眉纹
髭纹
贯眼纹
颊纹
额纹

眼先
额
头顶
枕
上嘴
下嘴
后颈
颊
耳羽
喉
上背
肩羽
小覆羽
下背
中覆羽
三级飞羽
大覆羽
次级飞羽
小翼羽
腰
初级覆羽
尾上覆羽
胁
初级飞羽
腹
胫
跗蹠
尾下覆羽
中央尾羽
内趾
最外侧尾羽
外侧尾羽
中趾
外趾
后趾
胸

鸟体外形图

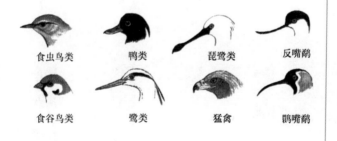

食虫鸟类　　鸭类　　琵鹭类　　反嘴鹬

食谷鸟类　　鹭类　　猛禽　　鹬嘴鹬

鸟类的嘴型

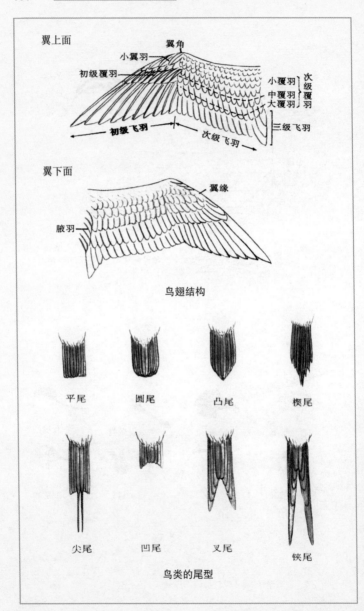

翼上面

翼角

小翼羽

初级覆羽

小覆羽
中覆羽　次级覆羽
大覆羽

初级飞羽　　次级飞羽　　三级飞羽

翼下面

翼缘

腋羽

鸟翅结构

平尾　　圆尾　　凸尾　　楔尾

尖尾　　凹尾　　叉尾　　铗尾

鸟类的尾型

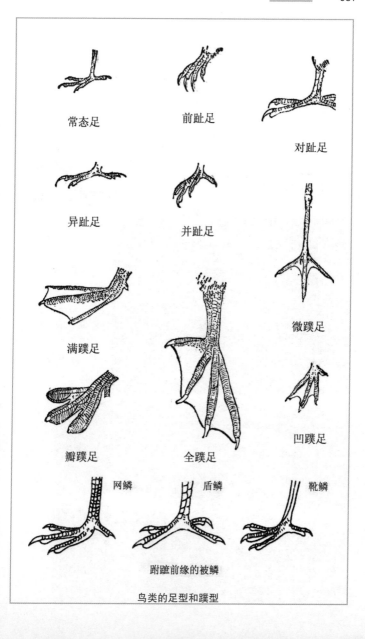

常态足

前趾足

对趾足

异趾足

并趾足

微蹼足

满蹼足

全蹼足

瓣蹼足

凹蹼足

网鳞   盾鳞   靴鳞

跗蹠前缘的被鳞

鸟类的足型和蹼型

I 䴙䴘目 Podicipediformes

1 䴙䴘科 Podicipedidae

特征：喙细直而尖，腿短，不能在陆地上行走，跗蹠部侧扁，趾间具瓣状蹼。早成鸟。常与雁鸭类一起栖息于沼泽、湖泊、池塘和水库中，和鸭的区别在于嘴形细尖而不上下扁平；性机警，遇险时立刻潜入水中；筑巢于芦苇丛和蒲草丛中。主要以小鱼和水生昆虫为食。

（1）小䴙䴘 *Tachybaptus ruficollis*

夏候鸟；广布种；分布型：东洋型（W）

俗称水葫芦。体小（27cm）而矮扁；虹膜

黄色，嘴黑色，嘴角有较明显的淡色嘴斑；头顶及颈背黑褐，上体褐色，下体偏灰；繁殖期头侧、前颈、颈侧偏红，冬羽则头侧、前颈、颈侧污棕。

（2）凤头䴙䴘 *Podiceps cristatus*

夏候鸟；广布种；分布型：古北型（U）

俗称王八鸭子。体大（50cm）而外形优雅的䴙䴘。颈修长；具显著的黑色羽冠，上颈周围翎领棕红，羽端黑；下体近

白，上体纯灰褐；眼红。

分布广，为常见水禽，常成对或小群活动于有芦苇的开阔水域。

Ⅱ 鹈形目 Pelecaniformes

2 鸬鹚科 Phalacrocoracidae

(3) 普通鸬鹚 *Phalacrocorax carbo*

旅鸟或夏候鸟；广布种；分布型：不易归类（O）

大中型食鱼游禽；体全黑，夏羽头和颈杂白丝羽，下胁有白斑，冬羽则均消失；足趾全蹼型；喙大而长，颌下有发达的喉囊用以兜捕并暂时储存鱼类。晚成鸟。

善潜水捕鱼，活动于水库、河流和鱼塘。过路鸟，3—4月和9—10月常见于西北水域。

Ⅲ 鹳形目 Ciconiiformes

特征:大中型涉禽,颈长、喙长、腿长,适于涉水取食,喙侧扁而直,眼先通常裸出,趾长,基部具蹼相连,三趾向前,一趾向后,四趾全在一个平面上。晚成鸟。

分科:鹭科、鹳科、鹮科。

3 鹭科 Ardeidae

特征:常缩颈立于水边;飞行时振翼缓慢,颈部收缩呈"S"形弯曲,腿向后伸直。

(4)苍鹭 *Ardea cinerea*

夏候鸟;广布种;分布型:古北型(U)

体大(92cm)的白、灰色鹭。过眼纹及眼后两条辫状冠羽黑色,飞羽、翼角黑色,颈下、前胸两侧有两道胸斑黑色,头、颈、胸及背白色,下体灰白,余部灰色。

主要栖于河川漫滩、湖泊水库边、沼泽草甸地区;多营巢于大树上,也可筑巢于近水苇丛间;食物有蛙、鱼、蝗虫、螺等。

(5)大白鹭 *Ardea alba*

旅鸟或夏候鸟;广布种;分布型:不易归类(O)

体大(95cm);虹膜黄色;体羽全白;颈、腿甚长;脸先裸露呈蓝绿色(繁殖期)或黄色(非繁殖期),嘴黑(繁殖期)或黄色(非繁殖期),脚黑。

栖于水库湖区浅水地带,大树或芦苇丛中营巢,食物有小鱼等。

(6)池鹭 *Ardeola bacchus*

夏候鸟；广布种；分布型：东洋型(W)

体形略小(47cm)；嘴、脚黄；繁殖期头、颈及胸深栗色，喉、腹白，肩、背批蓝黑蓑羽，两翼及尾上下全白，飞行时尤为明显。

栖于稻田、芦苇沼泽或其他漫水地带，单独或成分散小群进食，营巢于高而密的苇塘或蒲草丛中。

(7)黄斑苇鳽 *Ixobrychus sinensis*

夏候鸟；广布种；分布型：东洋型(W)

体小(32cm)，顶冠黑色(♂)或栗褐色(♀)，上体淡黄褐色，下体皮黄，黑色的飞羽与皮黄色的覆羽成强烈对比，脚黄绿。

栖息于沼泽地苇塘、香蒲丛中，湿地广布；在芦苇和香蒲丛中营巢；食物主要是小鱼和螺。

4 鹳科 Ciconiidae

特征：大型涉禽。中趾爪的内侧不具栉状突。飞行时，颈部和腿都伸直。

(8) 黑鹳 *Ciconia nigra*

旅鸟或夏候鸟；广布种；分布型：古北型(U)

地方名：黑桩、黑老鹳。体大的黑色鹳。上体、双翅及上胸部黑色且具紫绿色闪光，下胸、腹部及尾下白色，嘴、腿及眼周朱红色。

栖于沼泽地区、池塘、湖泊、河流沿岸；性惧人；冬季有时结小群活动；主要以小鱼、泥鳅、蛙为食。国家一级保护动物。

5 鹮科 Threskiornithidae

特征:头部有裸露部分;嘴长强,或钝而稍拱曲或直而末端膨大。

(9)白琵鹭 *Platalea leucorodia*

旅鸟;广布种;分布型:不易归类(O)

似大白鹭;嘴直而扁平,末端膨大为匙状;眼周和喉裸出。

栖于河流漫滩、浅湖、沼泽等处;成小群;涉水捕食水生昆虫、小鱼、蛙类等。

IV 雁形目 Anseriformes

6 鸭科 Anatidae

特征:大中型游禽。喙多扁平,先端具加厚的嘴甲,前三趾间有蹼。雄鸟较雌鸟羽色美丽,翼常具绿色或紫色有金属光泽的翼镜。早成鸟。

(10)大天鹅 *Cygnus cygnus*

冬候鸟或旅鸟;广布种;分布型:全北型(C)

体大,全身洁白;嘴基两侧黄斑沿嘴缘向前伸至鼻孔之下;颈细长直伸。

常集群栖息于开阔水面,食各类水生植物、水生动物。

(11)豆雁 *Anser fabalis*

夏候鸟或旅鸟；广布种；分布型:古北型(U)

　　上体灰褐或棕褐色，下体白；嘴黑褐色，具黄色次端斑；脚橙黄色；两性相似。

　　与灰雁习性类似，常与灰雁混群。

(12)灰雁 *Anser anser*

夏候鸟或旅鸟；广布种；分布型:古北型(U)

上体灰褐色；羽缘白色；嘴和脚粉红色；两性相似。

　　成对或成小群活动，迁徙季节集大群；栖于沼泽、湖泊、河滩等生境；在河西主要为旅鸟，部分地区为夏候鸟。

（13）斑头雁 *Anser indicus*

夏候鸟；广布种；分布型：高地型（P）

体羽浅灰褐色；头顶白而头后有两道黑色条纹；喉部白色延伸至颈侧；下体多为白色。

高山湖泊和荒漠碱湖常见的雁类，喜结群活动，杂食性。

（14）赤麻鸭 *Tadorna ferruginea*

夏候鸟或冬候鸟；广布种；分布型：古北型（U）

亦称黄鸭。体大，体羽绝大部分黄褐色；黑色飞羽与白色覆羽对照鲜明；翼镜铜绿色，雄鸟夏季有狭窄的黑色领圈；飞行时白色的翅上覆羽及铜绿色翼镜明显可见。

耐寒，广泛繁殖于中国东北和西北；筑巢于近溪流、湖泊的洞穴；杂食性。

(15)斑嘴鸭 *Anas poecilorhyncha*

夏候鸟或旅鸟；广布种；分布型：东洋型
（W）

体较大的深褐色鸭。头色浅，顶及眼线
色深，嘴黑而嘴端黄为本种特征。两性同色，
但雌鸟较黯淡。

国内广泛分布，
相当常见，数量较多，
河流沿线、有水区域
均可见到；营巢于沼
泽水域的密草丛中；
胃检食物有草籽、水
草、昆虫等。

（16）绿头鸭 *Anas platyrhynchos*

夏候鸟或冬候鸟；广布种；分布型：全北型（C）

俗称大绿头。常见较大型野鸭。雄鸟头及颈深绿色带光泽，白色颈环使头与栗色胸隔开，下体灰白色，翼镜紫蓝色，嘴黄；雌鸟褐色斑驳，有深色的贯眼纹。

多栖居于水浅而水草多的湖沼，非繁殖期集大群；常营巢于岸堤附件的杂草垛、浅地穴；杂食性。

(17)针尾鸭 Anas acuta

旅鸟;广布种;分布型:全北型(C)

又称尖尾鸭。雄鸭一对中央尾羽特别延长,头棕褐色,下体、胸及颈腹面白色,白色沿颈侧向上延伸成窄带,两翼灰色具绿铜色翼镜。

迁徙季节常成群活动于沼泽、河流等处,性怯懦,易被惊飞,飞速较快。杂食性。

(18)琵嘴鸭 Anas clypeata

旅鸟;广布种;分布型:全北型(C)

嘴末端呈铲状;雄鸟腹部栗色,胸白,头深辉绿色,雌鸟褐色斑驳;翼镜翠绿。

每年3月和10月迁徙时路过本区,栖息于开阔的湖沼及河流等处。多在岸边淤泥上用铲形嘴掘沙觅食,杂食性。

(19)绿翅鸭 *Anas crecca*

旅鸟;广布种;分布型:全北型(C)

体小、飞行快速的鸭类。雌雄两翅均具有金属翠绿色翼镜;雄鸭头部深栗色,头顶两侧在眼后具绿色带斑;两侧眼周到颈侧有一条呈逗号状的绿色带。

通常栖息于河流、湖畔等处。每年 4—5 月、9 月后陆续迁飞途经本区。迁飞时常集大群,飞行速度快。以草籽、稻谷、螺、软体动物为食。

(20)红头潜鸭 *Aythya ferina*

旅鸟或夏候鸟;广布种;分布型:全北型(C)

中等体形,雄鸭头、颈锈红色,背和胸黑色,翼镜、腹灰色;雌鸭头和颈棕褐色,胸暗黄褐。

活动于水生植物丛生的开阔水面,飞行迅速,喜潜水。主要以眼子菜等水生植物为食,兼食软体水生昆虫、鱼、蛙等。

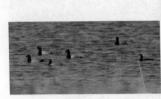

(21)白眼潜鸭 *Aythya nyroca*

旅鸟或夏候鸟;广布种;分布型:不易归类(O)

中等体形的全深色型鸭;雄鸟头、颈、胸及两胁浓栗色,眼白色,腹部、尾下覆羽白色;飞行时,飞羽为白色具狭窄黑色后缘。

常栖居于沼泽及淡水或咸水湖泊;怯生谨慎,成对或成小群;杂食性。

（22）赤嘴潜鸭 *Netta rufina*

夏候鸟或旅鸟；古北界（蒙新区、青藏区）；分布型：不易归类（O）

雄鸭锈红色的头部和橘红色的嘴与黑色前半身成对比，两胁白色；雌鸭褐色，两胁无白色，但脸下、喉及颈侧为白色，额、顶盖及枕部深褐色。

地方性常见，栖于有植被或芦苇的湖泊或缓水河流；食物主要有水生植物、藻类及草籽等。

(23)凤头潜鸭 *Aythya fuligula*

旅鸟;广布种;分布型:古北型(U)

中等体形。雄鸟头、颈纯黑且有紫色辉亮,黑色冠羽明显;背、腰和翅上覆羽,尾

上下覆羽均黑色;胸黑,腹胁纯白。雌鸟较雄性浅淡,冠羽较短且无辉亮。

多活动于河流、湖泊、水库等开阔水面。善游泳和潜水。主食软体动物、蝌蚪、小鱼等,混杂些水生植物、谷粒。

(24)鹊鸭 *Bucephala clangula*

不常见旅鸟;广布种;分布型:全北型(C)

体形较小的黑白色鸭;下体及外侧肩羽白色。雄鸭头黑色,两颊近嘴基部具大的白色圆形点斑;雌鸭头颈褐色无白斑。

性机警不易靠近,迁徙季节省内偶见。

V 隼形目 Falconiformes

特征:昼行性大中型猛禽;上喙尖锐钩曲,脚强具锐利的钩爪;具吐"食团"习性;晚成鸟。均为国家二级或一级保护动物。

7 鹗科 Pandionidae

(25)鹗 *Pandion haliaetus*

夏候鸟或留鸟;广布种;分布型:全北型(C)

又称鱼鹰。头及下体白色,黑色贯眼纹延伸连接颈背,上体及翅暗褐色,空中盘旋时腹部及翼下白色呈三角形。

常在水库、湖泊等上空盘旋;捕食鱼类。

8 鹰科 Accipitridae

(26)秃鹫 *Aegypius monachus*

留鸟;青藏区和蒙新区;分布型:不易归类(O)

体形硕大,深褐色;头裸出,颈羽松软,眼周及喉黑色;嘴强壮;两翼长而宽,翼尖的飞羽散开呈指状;尾短呈楔形。

常高空翱翔;主要食动物尸体。

---

(27)胡兀鹫 *Gypaetus barbatus*

留鸟;广布种;分布型:不易归类(O)

上体黑褐,下体黄褐,飞行时两翼尖而直,尾长呈楔形,颏下有单簇黑色髭须。

常见于高山裸岩地带,能长时间高空翱翔。吃动物尸体、捕食旱獭等中型动物。

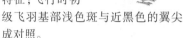

(28)黑鸢 *Milvus migrans*

夏候鸟或旅鸟;广布种;分布型:古北型(U)

俗称老鹰。中等体形的深褐色猛禽;凹型尾为本种识别特征;飞行时初级飞羽基部浅色斑与近黑色的翼尖成对照。

喜开阔的乡村、城镇及村庄,多于高空中盘旋做圆圈状翱翔;营巢于高大乔木上。

(29)大𫛭 *Buteo hemilasius*

夏候鸟或留鸟;广布种;分布型:中亚型(D)

体大的棕色𫛭。脚黄,虹膜黄褐色;尾偏白并常具5~8条横斑;下体色淡,具淡棕褐色纵纹或斑;飞翔时,翼角下有褐色斑(𫛭属特有)。

主要活动于开阔的林缘、沼泽上空、荒山及沙漠边缘;营巢于树上或岩隙;性凶猛,主要以捕捉野兔、野鼠及野鸡为食。常见于西北各地。

(30)普通鵟 *Buteo buteo*

留鸟;广布种;分布型:古北型(U)

中型猛禽,成鸟眼先白,颊、喉淡棕黄色,羽色变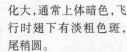化大,通常上体暗色,飞行时翅下有淡粗色斑,尾稍圆。

　　主要栖息于山地和干草原上,多停息在高树或其他突出物上。捕食鼠类、野兔等。

---

(31)草原雕 *Aquila nipalensis*

留鸟;蒙新区、青藏区;分布型:中亚型(D)

体大,通体深褐色,尾黑褐微杂以灰褐色横斑。

　　常见于北方的干旱平原,在低空翱翔。主要以啮齿动物为食。

（32）金雕 *Aquila chrysaetos*

留鸟；广布种；分布型：全北型（C）

体大，体羽浓褐色雕；成熟个体头背栗褐色，亚成体飞行时翼下有明显的基部窄端部宽的白斑；尾圆。

多栖息于高山及草原；喜空中翱翔；营巢于峭壁或高树；捕食鼠、兔、鸭、雉鸡等。

（33）苍鹰 *Accipiter gentilis*

夏候鸟或旅鸟；广布种；分布型：全北型（C）

雄性上体褐灰，下体白色，具很多棕色细横斑，尾较长，具横带，具白色的宽眉纹；雌较雄略大。

多活动于林地；飞行时扇翅与滑翔交替进行。捕食鼠类、野兔等。

9 隼科 Falconidae

(34) 燕隼 *Falco subbuteo*

夏候鸟或旅鸟；广布种；分布型：古北型(U)

上体为深灰色，白色的颊部有一向下的黑色髭纹，喉、胸和前腹部均为白色，胸部和腹有黑色的纵纹，下腹部至尾下覆羽为棕栗色。

栖息于有稀疏乔木、灌木的开阔和林缘地带。捕食鼠类、小型鸟类及昆虫。

(35) 红隼 *Falco tinnunculus*

留鸟；广布种；分布型：不易归类(O)

体较小，嘴缘具齿突，翼尖，尾细长；上体砖红色，杂黑色横斑，下体皮黄而具黑色纵纹；尾蓝灰，具宽的黑色次端斑和灰白端斑；雄鸟头顶及颈背蓝灰色。

喜活动于开阔地带，飞行迅速，可空中振翅悬停；营巢于峭壁或利用喜鹊等旧树巢；捕食鼠类、小鸟等。

VI 鸡形目 Galliformes

特征：多数为地栖鸟类；翼短圆，不善飞而善走；早成鸟。

10 雉科 Phasianidae

(36)环颈雉 *Phasianus colchicus*

留鸟；广布种；分布型：不易归类(O)

亦称雉鸡。雄鸟羽衣华丽，颈铜绿色，有些亚种有白色颈圈，宽大的眼周裸皮鲜红色，尾长而尖；雌鸟色暗淡，周身密布浅褐色斑纹。

栖息环境多样，受惊会突然飞起，短距离飞行滑翔后落地。杂食性。

(37) 暗腹雪鸡 *Tetraogallus himalayensis*

留鸟;蒙新区、青藏区;分布型:高地型(P)

也叫高山雪鸡。体形大,翅短圆;头颈部具深栗色斑纹,颏、喉白色;上胸灰色带黑斑,下胸及腹部铅灰色具栗棕色纵纹。

分布于河西走廊南北3500m以上的高山草甸、裸岩地带;季节性垂直迁徙。峭壁、岩石下营地面巢。主要以植物叶、花、种子为食。

(38) 斑翅山鹑 *Perdix dauurica*

留鸟;古北界;分布型:中亚型(D)

体形略小,灰褐色,脸、喉中部及腹部土黄色,两胁具栗色横斑;雄性腹中部有一马蹄形黑色斑块。

多出没于低矮的固沙林灌丛中,平时不飞,多地面活动;食物主要有大麦、草籽、草叶及昆虫。

(39)石鸡 *Alectoris chukar*

留鸟;古北界;分布型:中亚型(D)

俗称嘎啦鸡。中等体形,上背葡萄红,两胁具黑色、栗色横斑及白色条纹,眼后至颈侧向下有黑色项圈,嘴亮红色。

河西干旱区常见,栖息于干旱的石山、丘陵地区;脚健善走;秋冬季节集群;常筑巢于地面灌丛下;杂食性。

Ⅶ 鹤形目 Gruiformes

特征：多为涉禽，也具三长特点；后趾小，位置较高，不与其他三趾在一个平面上；早成鸟。

11 鹤科 Gruidae

(40)灰鹤 *Grus grus*

旅鸟；广布种；分布型：古北型（U）

体形大，体羽大都灰色，头顶裸皮朱红色，自眼后有一道宽的白色条纹向下延伸至颈背。

生境广阔，草地沼泽、平原农田、河流漫滩都可能停息活动；迁徙时集群；捕食小型动物。

(41)黑颈鹤 *Grus nigricollis*

夏候鸟；青藏区、西南区；分布型：高地型（P）

体形粗壮，体灰白色，头部及整个颈黑色，裸露的眼先及头顶红色，眼下眼后具小白斑，尾、飞羽黑色。

河西西部有分布，栖息于海拔 2500～5000m 的高原湿地，高原鹤类。主要以植物叶、根、茎以及水藻等为食。

12 秧鸡科 Rallidae

(42) 白骨顶 *Fulica atra*

夏候鸟或留鸟;广布种;分布型:不易归类(O)

又名骨顶鸡。整个体羽深黑灰色,具显眼的白色嘴及额甲,灰绿色瓣蹼足。

水域湿地常见种类,多栖于沼泽、湖泊等开阔水域,遇惊扰潜游或钻入苇草丛中;善潜水;营巢于水草丛中;食性杂。

(43) 黑水鸡 *Gallinula chloropus*

夏候鸟;广布种;分布型:不易归类(O)

又名红骨顶。嘴和额甲红,嘴端黄;脚绿,裸胫红,趾具侧膜缘;体近黑,胁有白色条纹;尾下覆羽两侧白,中央黑。

河西走廊各湿地都有分布,常栖于苇塘或近水灌丛中;性怯生,善游泳和潜水,不远飞;营巢于水边草丛灌丛中;吃昆虫、蠕虫、软体动物及植物嫩芽等。

Ⅷ 鸻形目 Charadriiformes

特征:中小型涉禽,足长、尾短、翼尖,喙长短不一。

13 鸻科 Charadriidae

(44)凤头麦鸡 *Vanellus vanellus*

夏候鸟;广布种;分布型:古北型(U)

额、头顶黑色,具黑色反曲羽冠,上体绿黑色具金属光泽,上胸具黑色宽横带,腹白。

栖于水草茂盛的沼泽草地,多集成小群,一鸟受惊群鸟皆飞,在空中高鸣;筑巢于沼泽草甸草丛中;食物有水生昆虫、鞘翅目昆虫、蝼蛄、植物叶。

---

(45)灰头麦鸡 *Vanellus cinereus*

夏候鸟;广布种;分布型:东北型(M)

头及胸灰色;翼尖、胸带及尾部横斑黑色,翼后余部、腰、尾及腹部白色;嘴黄色,端黑;脚黄色;飞起后翼下、腹部白色及黑色的翼端对比明显。

见于民勤水库湿地,活动于水库岸边、沼泽草地;性机警,受惊后群飞于空中盘旋鸣叫,声尖锐响亮;营地面巢;胃检食物有蝼蛄、鞘翅目昆虫。

(46)金(斑)鸻 *Pluvialis fulva*

旅鸟；广布种；分布型：全北型(C)

嘴强直，与头近等长，黑色；上体
黑褐色，羽缘黄白色而呈金黄色点斑；
繁殖期环绕前额、眼上方、颈侧、前胸
有一环形白带，下体黑色；非繁殖期黑
色消淡。

迁徙季节见于河
西走廊中部，数量不
多；活动于水塘边、河
流岸边；以水生昆虫等
为食。

(47)灰(斑)鸻 *Pluvialis squatarola*

旅鸟；广布种；分布型：全北型(C)

嘴直，黑色；上体淡褐色，羽缘白色而
呈斑杂状；繁殖期下体黑色，非繁殖期白
色；翅基部腋下具有明显黑色斑块，飞行
时尤为明显。

见于河西走廊西部鸟类迁飞季节，不
常见；活动于河流岸边、沼泽地、水塘边；
以水生昆虫等为食。

(48) 金眶鸻 *Charadrius dubius*

夏候鸟;广布种;分布型:不易归类(O)

体小,嘴短,黑色,上体沙褐色,额白、眼前、两眼间与眼后耳羽连成贯眼黑带斑,具黑或褐色的全胸带,黄色眼圈明显。

河西走廊地区常见的水滨鸟类,活动于河流漫滩湿地、水塘边及沼泽地;觅食时在泥滩上小步疾走,走走停停;营巢于近水沙地或砾石空地;食物主要为昆虫、螺类等。

(49) 环颈鸻 *Charadrius alexandrinus*

夏候鸟或旅鸟;广布种;分布型:古北型(U)

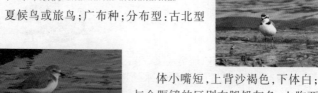

体小嘴短,上背沙褐色,下体白;与金眶鸻的区别在腿铅灰色,上胸两侧黑褐斑在胸前不连接,没有形成全胸带,无黄眼圈。

河西走廊常见,栖息于河流漫滩、湖岸边沙地,常集小群活动;食虫及水生无脊椎动物。

14 鹬科 Scolopacidae

(50)针尾沙锥 *Gallinago stenura*

旅鸟或夏候鸟;广布种;分布型:古北型(U)

嘴长而直,腿短;头部浅棕黄色,从侧面看头部有三道黑褐色纵纹:侧冠纹、过眼纹和窄颊纹;下体白;外侧尾羽窄而坚挺,近端宽1~2mm。

在水域岸边活动,多呈 3~5 只小群活动。性机警,遇险情缩伏于草丛底下,只在临危时才突然起飞,且边叫边飞,飞距不远,垂直下降;无干扰时常跳跃或疾步行走。食昆虫、螺类等。

(51)翻石鹬 *Arenaria interpres*

旅鸟;广布种;分布型:全北型(C)

体形中等;嘴锥形,直尖,较短;趾间基部无蹼;繁殖期非繁殖期羽色差别大;上胸部黑色,下背、腰及腹部纯白;腿脚橘黄色。

迁徙时路过河西西部,活动于沼泽湿地、湖边泥滩。

(52)黑尾塍鹬 *Limosa limosa*

旅鸟；广布种；分布型：古北型(U)

体形较大；长腿长嘴；头、颈、上胸
棕栗色；尾基部白色，端部黑褐；飞起
时翼上白横斑明显。

见于河西黑河、石羊河流
域，成群活动于沼泽湿地、湖
边泥滩；觅食时头埋入泥中，
主要捕食水生昆虫等。

(53)林鹬 *Tringa glareola*

旅鸟或夏候鸟；广布种；分布型：古北型(U)

体形略小，纤细，褐灰色，腹部及臀偏白；上体灰褐色而极具斑点；眉纹长，白色；尾白而具褐色横斑；飞行时尾部的横斑、白色的腰部、翼上下无横纹为其特征；

腿较长，黄色较深。

活动于沼泽、河流、水库等水域边缘水草稠密地带；主要食小鱼、昆虫。

(54)白腰草鹬 *Tringa ochropus*

夏候鸟；广布种；分布型：古北型(U)

体形略小；嘴短；上体褐色，飞羽近黑；飞行时黑色下翼、白色的腰部以及尾部的横斑显著；腹部及臀白色。

主要分布于河西走廊东部，栖于沼泽、水边，多单独活动；性活跃；在河道区域飞行；营巢于河边沙滩草地丛中；胃检食物有螺、昆虫、小鱼。

(55)红脚鹬 *Tringa totanus*

夏候鸟或旅鸟;广布种;分布型:古北型(U)

体形中等(27cm);腿橙红色,嘴基半部为

红色;上体褐灰,下体白色,胸具褐色纵纹;飞行时腰部白色明显,次级飞羽具明显白色外缘;尾上具黑白色细斑。

沼泽草甸常见涉禽,数量多;营巢于地面草丛;胃检食物有蠕虫、昆虫、小鱼等。

---

(56)青脚鹬 *Tringa nebularia*

夏候鸟或旅鸟;广布种;分布型:古北型(U)

体形中等;上体褐色具黑色点斑;尾上具暗色横斑;腿脚青石色;飞行时背部白色长条明显。

迁徙时见于河西中、西部,活动于河流漫滩及沼泽地;食水生昆虫及植物。

(57) 矶鹬 *Tringa hypoleucos*

夏候鸟;广布种;分布型:全北型(C)

体形略小;嘴短;上体褐色,飞羽近黑;下体白,胸侧褐斑后缘平齐,在翼角前缘形成狭白斑,步行时显著可见;飞行时翼上具白色横纹,腰无白色。

河西走廊湿地常见,栖于沼泽、水边,多单独活动;性活跃;营巢于河边沙滩草地丛中;胃检食物有螺、昆虫、小鱼。

(58) 弯嘴滨鹬 *Calidris ferruginea*

旅鸟;广布种;分布型:古北型(U)

体形略小;嘴、脚黑,嘴长而下弯;上体大部灰色,下体白;眉纹、翼上横纹及尾上覆羽的横斑均白;夏羽胸部及通体体羽深棕色。

见于石羊河流域,栖于河湖岸边、沼泽湿地的浅水处;非繁殖季节集群活动。

15反嘴鹬科 Recurvirostridae

(59)反嘴鹬 *Recurvirostra avosetta*

旅鸟;广布种;分布型:不易归类(O)

体形中等;体羽黑白两色;头、颈背面黑色,翼上形成两道黑色横斑,翼尖黑色;黑色的嘴细长而上翘。

春季见于河西走廊西部,多栖息于平原或荒漠区的湖泊浅滩,集群活动,在河西地区迁徙路过,数量不多。觅食时嘴在水中左右扫动,捕食昆虫、螺类等水生无脊椎动物。

(60)黑翅长脚鹬 *Himantopus himantopus*

夏候鸟;广布种;分布型:不易归类(O)

常见的高挑、修长的黑白色涉禽;特征为细长的嘴黑色,两翼黑,腿细长红色;体羽白,颈背具黑色斑块。

河西各湿地常见夏候鸟,栖息于开阔的沼泽地,春秋集群;营巢于水边土堆或田埂上;食水生昆虫、小鱼、蠕虫。

16 鸥科 Laridae

特征:具蹼善飞的游禽,体中等,脚短,翅尖长,喙形直,尾短圆或叉状。

(61)渔鸥 *Larus ichthyaetus*

旅鸟或夏候鸟;蒙新区、青藏区、西南区;分布型:中亚型(D)

体大;背灰色;嘴黄,近端处具黑及红色环带;上下眼睑白色;飞行时翼下全白,仅翼尖有小块黑色;尾端黑色;夏羽头和前颈黑色,冬羽则变白;眼周具暗斑。

河西走廊各水库常见,多单独或结小群活动于水库、湖泊等开阔水面处,飞行较缓慢;食性杂,以鱼为主。

(62) 棕头鸥 *Larus brunnicephalus*

夏候鸟或旅鸟;古北界;分布型:高地型(P)

体形中等;背灰;夏季鸟头黑褐色,眼周白;黑色翼尖近端部有白色点斑;嘴、脚深红色;冬羽头白,眼后有一深色斑。

河西走廊常见种类,常结群活动于水库、湖泊、河流等处;以鱼、软体动物及水生昆虫为主要食物。

(63) 红嘴鸥 *Larus ridibundus*

旅鸟;广布种;分布型:古北型(U)

体形中等;繁殖期头部深咖啡色;与棕头鸥很相似,但飞起时翅端外侧有一长窄白斑而不是棕头鸥的白点斑。

河西走廊不常见旅鸟;栖息于河流及漫滩、水库、沼泽,迁徙季节成大群飞过;主食鱼、水生昆虫、软体动物和蠕虫。

17 燕鸥科 Sternidae

(64) 普通燕鸥 *Sterna hirundo*

夏候鸟；广布种；分布型：全北型（C）

体形略小；尖翼、尾深叉形；夏季嘴基红色，整个头顶黑色。

甚常见，活动于湖泊、沼泽、水库、河流等水域，常在水面上空快速飞翔；在岛上或岸边沙滩上营巢；食物主要为小鱼、昆虫等。

(65) 灰翅浮鸥 *Chlidonias hybrida*

夏候鸟；广布种；分布型：古北型（U）

体形小；体羽灰白，夏羽头顶部黑色，腹部灰黑色；翼尖，尾浅凹形。

见于河西走廊中、西部，多活动于开阔的河流、湖沼、水库等处，频繁地在水面上来回飞行，注视水中。捕食小鱼、水生昆虫等。

IX 鹃形目 Cuculiformes

特征：体形似鸽但较细长，嘴长度适中，对趾足，体色有灰褐型和棕色型，不结群，巢寄生，晚成鸟。

18 杜鹃科 Cuculidae

(66) 大杜鹃 *Cuculus canorus*

夏候鸟；广布种；分布型：不易归类(O)

又称布谷鸟。外形似隼而较细长，栖息时两翅下垂做起飞状；上体灰色，腹部近白而满布细横纹，也有"棕红色"变异型；其特殊的叫声"布谷"为其野外识别标志。

4月底迁来；人工林、居民区常见；巢寄生，将卵产于大苇莺、伯劳等巢中；食物主要为毛虫、步甲等。

X 沙鸡目 Pterocliformes

特征:栖息于沙漠戈壁。嘴弱小;翅尖长,善飞;脚短;常集成大群;巢简陋。

19 沙鸡科 Pteroclidae

(67)毛腿沙鸡 *Syrrhaptes paradoxus*

留鸟;古北界;分布型:中亚型(D)

又名沙鸡子。全体大都沙褐色,腹部具特征性的黑色斑块;嘴形短,翅尖长;中央一对尾羽特别延长,脚趾短,全被羽,仅具三趾,趾底成垫状,适于在沙漠、戈壁滩的沙丘上行走。

河西戈壁、干旱荒漠常见;喜集群,秋冬季有时结成上千的大群转换栖息地;飞行高度低而高速;在沙土中掘窝营巢;食物以沙生植物种子和幼芽为主。

XI 鸽形目 Columbiformes

20 鸠鸽科 Columbidae

(68) 山斑鸠 *Streptopelia orientalis*

留鸟;广布种;分布型:季风型(E)

虹膜金黄;上体褐色,颈侧有带明显黑白色条纹的块状斑;尾羽近黑,尾梢浅灰。

河西中、东部常见,栖于居民点农田、人工林,小群活动;巢极简陋,由枯树枝、干草筑于树杈处;杂食性。

(69) 灰斑鸠 *Streptopelia decaocto*

留鸟;广布种;分布型:东洋型(W)

体较小;虹膜红;整体淡灰褐沾粉色;明显特征为后颈具细的黑色半环形领圈。

在河西干旱区分布已经很广,农田居民区常见,常栖于树枝、屋顶或电线上;成鸟食性以谷物为主。

(70)岩鸽 *Columba rupestris*

留鸟;广布种;分布型:不易归类(O)

　　非常似家鸽,翼上具两道黑色横斑,尾上有宽阔的白色次端带。

　　常见的居留鸟类,集群栖息于山岩、田野、荒山或黄土沟壑地带;营巢于岩洞或土洞中;啄食农作物种子等。

XII 鸮形目 Strigiformes

特征:夜间猛禽。喙和爪强大而钩曲;第四趾能向后反转构成对趾型,跗蹠全被羽;头大,眼大(并位向前);四周的毛呈放射状,构成"面盘状",颇似猫头,俗称猫头鹰;羽毛柔软,飞行时无声响。晚成鸟。均为国家保护动物。

21 鸱鸮科 Strigidae

(71)雕鸮 *Bubo bubo*

留鸟;广布种;分布型:古北型(U)

体形大,翅长在300mm以上;体羽沙黄或沙灰色,多黑褐色斑纹;耳羽簇长,内棕外黑;虹膜橘黄色。

河西分布为天山亚种(*B. b. hemachalana*),从东到西都有分布,但不常见;栖息于林间或荒漠捕食野兔、鼠类等。

(72)长耳鸮 *Asio otus*

留鸟;广布种;分布型:全北型(C)

体形中等;耳羽簇长而明显;虹膜金黄;通体棕黄杂黑褐色轴纹。

栖息于山地林区、村镇和城市中多树木的地方,白天常见在树上集群停息,夜间单只活动捕食;树上筑巢。

(73) 纵纹腹小鸮 *Athene noctua*

留鸟;广布种;分布型:古北型(U)

体小而无耳羽簇的鸮;虹膜黄;面盘不显;上体沙褐色具白斑,下体棕白具褐色纵纹。

干旱区分布很广,常见于丘陵荒坡、山崖、民房附近的树木电杆、残墙断壁等处;筑巢于洞中;主食蜥蜴、昆虫、鼠类。

XIII 夜鹰目 Caprimulgiformes

特征:嘴短弱,口裂宽深,嘴须发达;白天隐伏于树干上或荒漠灌丛下,体色极似树皮,极难发现;飞行无声,夜出性食虫鸟。栖息于林缘、村镇旁或荒漠中,很少结群。

22 夜鹰科 Caprimulgidae

(74)欧夜鹰 *Caprimulgus europaeus*

夏候鸟;蒙新区;分布型:不易归类(O)

俗称贴树皮。体形中等;棕灰色,满布杂斑及纵纹;雄鸟近翼尖处有小白点,飞行时外侧的两对尾羽端白。

河西干旱区都有分布但不常见,栖于林缘或灌丛,白天伏于树根部、枝叶间,夜间空中追捕飞蛾等昆虫。

XIV 雨燕目 Apodiformes

特征:似家燕但翼更尖长,镰刀状;足短,四趾均向前(前趾足),停息时用爪挂于岩壁墙壁上。筑巢于岩洞、壁隙、屋檐下;集群飞行于空中,飞行极快,空中掠食飞虫。

23 雨燕科 Apodidae

(75)普通雨燕 *Apus apus*

夏候鸟;古北界;分布型:不易归类(O)

全体几纯黑褐色;前额近白;颏、喉白或灰白;翼尖长镰刀形,尾深叉。

夏日傍晚常成群飞舞,速度极快,在空中掠食飞虫。

XV 佛法僧目 Coraciiformes

特征:嘴直长,翼短圆,并趾足。

24 翠鸟科 Alcedinidae

(76)普通翠鸟 *Alcedo atthis*

夏候鸟;广布种;分布型:不易归类(O)

体小(15cm);上体金属浅蓝绿色,后颈两侧各具一白色斑;下体橙棕色,颏白;橘黄色条带横贯眼部及耳羽;头较大,嘴强直,尾短圆。

见于河西中、东部,常栖于河岸边伸向水边的树枝或石头上,俯冲入水捕食小鱼并迅速飞离水面;在河崖山坡上营洞巢。

XVI 戴胜目 Upupiformes

25 戴胜科 Upupidae

(77) 戴胜 *Upupa epops*

夏候鸟；广布种；分布型：不易归类（O）

俗称臭咕咕。嘴细长而拱曲，头顶有明显的带黑端斑的折扇状羽冠，两翅及尾黑色，并具白横斑。

河西走廊常见，栖息活动于村庄、旷野、农田等处，多地面单只活动；常在垃圾堆处用长长的嘴翻动寻找昆虫、蚯蚓等食物；洞穴营巢，巢中脏臭。

XVII 䴕形目 Piciformes

26 啄木鸟科 Picidae

特征:嘴粗长,强而呈凿状;对趾足;楔尾,尾端羽枝坚硬,攀树凿木时支撑身体。典型的树栖森林鸟类,多为留鸟。

(78)大斑啄木鸟 *Dendrocopos major*

夏候鸟或留鸟;广布种;分布型:古北型(U)

体形中等;上体黑色,两翅具白色块斑;尾下覆羽、围肛羽红色;雄鸟枕部具狭窄红色带。

在中国为分布最广泛的啄木鸟。錾树洞营巢,吃食昆虫及树皮下的蛴螬。

(79)灰头绿啄木鸟 *Picus canus*

夏候鸟或留鸟;广布种;分布型:古北型(U)

头灰色,雄性头顶有一块鲜红色块斑,上体大都橄榄绿色,腹部灰色沾绿。

常栖息于山林,冬季迁徙至村镇附近的人工林、灌丛或农田,飞行时两翅一展一合,呈波浪起伏。在树干攀登觅食,主要以昆虫为食,也食植物种子。

XVIII 雀形目 Passeriformes

特征：鸟纲中种类最多的一目，体多小型，少数中型，足趾三前一后，善鸣叫（鸣禽）。

27 百灵科 Alaudidae

特征：体较小，嘴细，后爪长而稍直，雌雄羽色相似。多地面活动，地面营巢，叫声婉转嘹亮。杂食性。

(80)凤头百灵 Galerida cristata

留鸟；古北界；分布型：不易归类（O）

体形略大（17.5cm）；上体羽色沙褐色，具黑褐色纵纹；眉纹近白色；头顶冠羽长而窄，活动时羽冠竖起明显。

河西走廊都有分布，常在荒漠、半荒漠、干旱平原及农耕地活动；地面营巢；食草籽、谷物和昆虫。

(81)短趾百灵 Calandrella cheleensis

留鸟；古北界；分布型：不易归类（O）

体形略小；上体浅沙棕色，具暗褐色羽干纹；最外侧尾羽几全白，次一对外翈白色；嘴较粗短；胸部纵纹散布较开。

分布于河西中部、北部，常集大群活动于草地、半荒漠；营巢于沙石地浅穴或凹坑；食物以杂草种子为主。

(82) 角百灵 *Eremophila alpestris*

留鸟;广布种;分布型:全北型(C)

上体沙褐,下体灰白;前额白色,其后有一宽阔黑斑,此黑斑两侧向后伸有长羽簇,形如角状;具明显的黑色胸带。

繁殖于高海拔的荒芜干旱平原及寒冷荒漠,冬季下至较低海拔草滩;一般不高飞或远飞。以昆虫和植物种子等为食。

(83) 云雀 *Alauda arvensis*

夏候鸟;古北界;分布型:古北型(U)

体形中等;上体暗沙棕色,具显著的黑色纵纹;羽冠竖起可见,短小而具细纹;最外侧

一对尾羽几纯白。

分布于河西东部开阔草原,地面活动,常骤然从地面直飞上天,边飞边叫,故有告天鸟之称;地面巢;杂食性。

28 燕科 Hirundinidae

特征：体轻小，嘴短阔，翼尖长，尾叉形；飞行中捕食昆虫。

(84)家燕 *Hirundo rustica*

夏候鸟；广布种；分布型：全北型（C）

上体蓝黑具金属光泽；喉及上胸栗色；腹部纯白；尾狭长，近端处具白色点斑。

　　分布几遍及全世界，群栖于村庄、田野和河岸边，筑巢于屋檐下，捕食昆虫。

(85)崖沙燕 *Riparia riparia*

夏候鸟；广布种；分布型：全北型（C）

俗称土燕子。体小，上体灰褐色，喉及下体白色并具一道特征性的褐色胸带，尾羽无白斑。

地区性常见，成群生活于湖沼、河川的泥沙滩或附近的岩石、土崖上；营群巢，巢洞凿于河岸边的沙土崖壁上；捕食昆虫。

(86)岩燕 *Ptyonoprogne rupestris*

夏候鸟；广布种；分布型：不易归类(O)

上体深褐色，下体灰褐色，喉部污白，方形尾较短，除中央及最外侧尾羽外，其余尾羽近端处具白斑。

栖居于近水的峡谷中，营巢于峭壁或山洞隐蔽处，无集群习性，喜空中来回飞行。空中捕食昆虫。

29 鹡鸰科 Motacillidae

特征：体形纤细，尾长，后爪长；飞行时呈波浪状，边飞边叫，停栖时尾不停上下摆动。多于水边或潮湿草地活动。捕食昆虫等。地面巢。

(87)黄鹡鸰 *Motacilla flava*

夏候鸟；广布种；分布型：古北型(U)

上体橄榄绿，喉及下体黄色；翅上覆羽及飞羽黑褐色，具乳黄色羽缘，形成较明显的黄白色翅斑。

分布广泛，喜稻田、沼泽边缘及草地；营巢于河边草丛；主要以昆虫为食。

(88)灰鹡鸰 *Motacilla cinerea*

夏候鸟或旅鸟；广布种；分布型：不易归类(O)

上体暗灰色，下体、腰及尾上覆羽黄色，喉部夏季黑色，非繁殖期白色。

不常见，多为过路鸟，活动区与河流紧密相关。

(89)黄头鹡鸰 *Motacilla citreola*

夏候鸟或旅鸟；广布种；分布型：古北型(U)

头部及下体均为辉黄色，上背黑灰色，灰褐色翅上有两道白斑；尾羽黑褐，外侧两对尾羽白色。

栖息于溪边、湖岸、临水的草地、农田等处；成对或小群活动；几纯以昆虫为食。

(90) 白鹡鸰 *Motacilla alba*

夏候鸟；广布种；分布型：不易归类(O)

通体黑白相间，上体大都黑色，下体除胸部有黑斑外，纯白；尾羽长，黑色，最外侧两对几乎纯白。

分布广泛，为滨水活动的鸟类；营巢于草地、灌丛、石缝或屋瓦下；主要以昆虫为食。

(91) 田鹨 *Anthus richardi*

夏候鸟；广布种；分布型：东北型(M)

体较大而站势高；上体棕黄并具暗褐色纵纹；嘴褐色，下嘴基较淡；眉纹黄白色；胸沙黄色具褐色纵纹；两胁黄褐色。

分布较广泛，栖息于开阔的林间空地、河滩、草地、沼泽地、农田、灌丛等生境；波浪状飞行；营地面巢；以昆虫为食。

30 伯劳科 Laniidae

特征:为雀形目中的"猛禽"。嘴强、尖,似鹰嘴,上嘴钩曲并有齿突;尾长;具典型黑色贯眼纹。性凶猛,捕食昆虫、蛙、蜥蜴等,将食物穿挂在树枝刺上撕食并储备。乔木或灌丛间营杯状巢。

(92)红尾伯劳 *Lanius cristatus*

夏候鸟;广布种;分布型:东北—华北型(X)

背羽褐色,翅不具白斑,最外侧尾羽较短(距中央尾羽末端为19~25cm),尾羽棕褐色,雌鸟颈侧、胸、胁散有细鳞纹。

分布广泛,喜开阔耕地、灌丛及次生林等生境。

(93)荒漠伯劳 *Lanius isabellinus*

夏候鸟;蒙新区;分布型:中亚型(D)

亦称棕尾伯劳,形态似红尾伯劳但具白色翅斑,最外侧尾羽较长(距中央尾羽末端为8~14cm)。繁殖期雄鸟头顶至上背灰沙褐色,尾上覆羽及尾羽呈锈棕色至棕褐色;雌鸟翅上白斑不显。

为荒漠地区疏林地带及绿洲、村落附近的常见种;在灌丛或沙枣树上筑杯状巢。

(94)灰伯劳 Lanius excubitor

夏候鸟或旅鸟;蒙新区;分布型:全北型(C)

体较大(25cm);上体灰色或褐灰色;粗大的贯眼纹,眼先黑色;两翼黑褐具白色翅斑;下体近白;中央尾羽黑色,外侧尾羽、尾上覆羽白色。雌鸟及亚成鸟:色较暗淡,下体具皮黄色鳞状斑纹。

栖息于平原到山地疏林附近,多适应于荒漠、半荒漠地带生活;捕食昆虫及蜥蜴、鼠类等。

(95)楔尾伯劳 Lanius sphenocercus

留鸟;广布种;分布型:东北型(M)

亦称长尾灰伯劳。体形大(31cm);上体灰色,中央尾羽及翅黑色,初级飞羽具大型白色翅斑;尾长成楔状,外侧尾羽白。

河西干旱荒漠都有分布,栖息于干旱的荒漠、半荒漠;单独活动,主要以蜥蜴、昆虫为食。

31 黄鹂科 Oriolidae

(96)黑枕黄鹂 *Oriolus chinensis*

夏候鸟;广布种;分布型:东洋型(W)

体形中等;体羽鲜黄色或黄绿色;黑色过眼纹与颈背宽阔的黑色带斑相连;飞羽、尾羽多为黑色,除中央一对尾羽外,其余尾羽均具宽阔的黄色端斑;嘴与头等长,较为粗壮。

在民勤已有分布。在高大杨树、沙枣树的树冠层活动,繁殖期喜欢鸣叫,鸣声响亮而特别。主要以昆虫及植物果实为食。

32 椋鸟科 Sturnidae

(97)北椋鸟 *Sturnia sturnina*

夏候鸟;广布种;分布型:东北—华北型(X)

嘴形较细,较头为短;头部、颈部、胸和腹浅灰色,枕部具一紫黑色块斑;背、两翼紫黑色

并具醒目的棕白色横带;尾上覆羽棕白色,尾羽黑色。

栖息活动于河西荒漠防护林带及村镇周围的乔灌林,常集群活动;营巢于洞穴;食物有昆虫和果实。

(98)灰椋鸟 *Sturnus cineraceus*

夏候鸟;广布种;分布型:东北—华北型(X)

头部黑色,额和头顶、颏喉部、两颊杂有白色;尾上覆羽白色;嘴橙红,尖端黑色;脚橙黄色。

栖息于农田、居民点。营巢于天然树洞、水泥电柱顶端等空洞中。性喜成群,非繁殖期结为几十或成百大群。飞行动作一致,呈波状。在草地中捕食昆虫。

(99)紫翅椋鸟 *Sturnus vulgaris*

冬候鸟;蒙新区;分布型:不易归类(O)

通体黑色,闪黑、紫和绿色金属辉光,密布白色点斑,成鸟嘴黄色。

河西走廊都有分布;每年11月迁来,第二年3月迁走;活动于有林木的荒漠、农田、平原;以沙枣、植物种子为食。

33 鸦科 Corvidae

(100)灰喜鹊 *Cyanopica cyanus*

留鸟；广布种；分布型：古北型(U)

体较小，顶冠、耳羽及后枕黑色，翅与尾天蓝色，下体灰白色，嘴黑色。

既活动于平原，也常见于山林地区，常在山麓、沟谷、河岸、民居点、道旁树林中活动。常十余只或数十只为一群，甚为活跃。食物以昆虫为主，兼食部分植物果实和种子。

(101)喜鹊 *Pica pica*

留鸟；广布种；分布型：全北型(C)

体羽除肩部、腹部为白色外，全为黑色；尾长，两翼及尾具蓝色辉光。

分布极广，国内见于各省区，均为留鸟；适应性强，多成对或三五只小群于村落周围活动；高大乔木上筑巢；食性杂。

(102)小嘴乌鸦 *Corvus corone*

留鸟；广布种；分布型：全北型(C)

地方名：黑老鸹。通体黑色，上体沾紫蓝光泽，下体暗而无光泽，嘴形较细。

分布广，常结群，多见于村落附近的农田、山坡或林缘；巢多筑于高大树冠，多群巢；杂食性。

(103)大嘴乌鸦 *Corvus macrorhynchos*

留鸟；广布种；分布型：季风型(E)

通体灰黑，翅、尾具暗紫色辉光；与小嘴乌鸦的区别主要在嘴粗厚。

见于河西走廊东、南部的林地、草原、村镇；常在垃圾堆中觅食，杂食性。

(104)红嘴山鸦 *Pyrrhocorax pyrrhocorax*

留鸟;广布种;分布型:不易归类(O)

雌雄相似,通体黑色与一般乌鸦相同;嘴形细长而弧曲;嘴、跗蹠朱红色,爪黑色;叫声洪亮。

栖息在山地,平时结成小群,飞翔山谷间,有时散见于近山平原的田地或园圃间觅食。营巢在高山悬崖绝壁的窟窿或裂隙间。秋冬季有数百只的大群。食物主要是蔷薇科果实、杂草种子、野生植物的嫩芽和种子及昆虫。

(105)黑尾地鸦 *Podoces hendersoni*

留鸟;古北界蒙新区;分布型:中亚型(D)

嘴细长而弧曲,上体沙褐色,背及腰略沾酒红色,头顶黑色具蓝色光泽,两翼闪辉黑色,初级飞羽具白色大块斑,尾蓝黑。

分布于蒙古及中国西北部,栖息活动于荒漠、半荒漠地区开阔多岩石的地面及灌丛;营巢于陡壁缝隙或洞穴;以种子及无脊椎动物为食。

34 岩鹨科 Prunellidae

(106)褐岩鹨 *Prunella fulvescens*

夏候鸟；蒙新区、青藏区、西南区；分布型：高地型（I）

上体褐色，具暗黑纵纹，具明显的白色粗眉纹和暗褐颊部，下体皮黄色。

常见于植被稀疏的高山山坡及碎石带。取食昆虫及杂草种子、植物嫩叶与果实。

35 鸫科 Turdidae

(107)宝兴歌鸫 *Turdus mupinensis*

夏候鸟；广布种；分布型：喜马拉雅—横断山区型（H）

体形偏小，上体褐色，翅上两道浅色斑点明显，腹部黄白而密布黑点斑，耳羽后侧有明显黑斑。

见于河西东端，常单个活动于河溪两旁、平原地区的林木区；多以昆虫为食。

（108）赤颈鸫 *Turdus ruficollis*

冬候鸟；广布种；分布型：不易归类（O）

上体灰褐；眉纹及颏、上胸绣栗色（亦有黑色型个体）；腹部及臀纯白；嘴黄端黑。

多见于河西中、西部，栖息于荒漠疏林、平原灌丛、蔬菜地、果园等，成松散的群体活动。食物主要为植物果实、种子（如沙枣）。

(109)灰头鸫 *Turdus rubrocanus*

夏候鸟;东洋界;分布型:喜马拉雅—横断山区型(H)

体形中等,雌雄相似,头及颈灰色,两翼及尾黑色,余部栗色,嘴、跗蹠和趾黄色。

分布于河西东端,栖息于山间林缘灌丛和沿河岸两旁林下灌丛。主食鞘翅目、直翅目等昆虫,并取食少量植物种子。

(110)斑鸫 *Turdus eunomus*

旅鸟;广布种;分布型:东北型(M)

上体前黑后棕,眉白,下体白色,胸具黑色领圈,腹部密布黑色鳞状斑纹,嘴黑色,跗蹠和趾暗褐色。

河西东端分布,迁徙期间出现于农田、果园和村镇附近疏林灌丛草地和路边树上。秋冬季取食各种植物的果实种子。

(111)红腹红尾鸲 *Phoenicurus erythrogastrus*

冬候鸟;古北界;分布型:高地型(I)

尾羽栗红色;雄鸟头部、背部及翅底色为黑色,头顶颈背白色,翅上白斑甚大;腹部栗红色;雌鸟褐色。

见于河西西部的冬候鸟,栖息于开阔而多岩的高山旷野,冬季多在平原灌草丛,单个活动;性惧生而孤僻;主要以昆虫为食。

(112)赭红尾鸲 *Phoenicurus ochruros*

夏候鸟;蒙新区、青藏区、西南区;分布型:不易归类(O)

翅无白斑的红尾鸲;雄鸟头、喉、上胸、背、两翼及中央尾羽黑色,腹部、腰及外侧尾羽棕红色;雌鸟灰褐色。

河西东部、西部近山地区分布,多见于海拔较高的山地、草原等开阔地带;有点头并颤尾习性;多筑巢于岩石、破墙壁的洞隙中;捕食昆虫。

(113)北红尾鸲 *Phoenicurus auroreus*

夏候鸟;广布种;分布型:东北型(M)

雄鸟头顶至后颈暗石板灰色,体背黑色,翅上有醒目的白斑,下体颏、喉黑色,胸、腹、腰及尾羽橙棕色。雌鸟上体橄榄褐色,腰及外侧尾羽橙棕色。

一般性常见鸟,主要见于河西走廊东部,单个或成对活动于山坡农田或村镇周围的树上或灌丛中;栖立时尾颤动不停;常于石缝、墙缝、柴垛等处筑碗状巢;食虫鸟类。

(114)贺兰山红尾鸲 *Phoenicurus alaschanicus*

夏候鸟;蒙新区、青藏区;分布型:中亚型(D)

雄鸟头背蓝灰色,下体自颏至尾下栗橙色,两翅黑褐具明显白长斑;雌鸟下体暗灰褐色,上体额至腰暗棕褐色。

分布于祁连山地;多在林缘灌丛附近活动;主要以昆虫为食。

(115)沙䳭 *Oenanthe isabellina*

夏候鸟;蒙新区、青藏区;分布型:中亚型(D)

体沙褐色;眉纹白色,脸侧、颏及喉非黑色;尾上覆羽白色,中央尾羽黑而基部白,其他尾羽白而端黑,黑色部分短于其全长之半。

中国西北部荒漠常见种类,单独或成对活动于有矮灌丛的荒漠半荒漠;多筑巢于鼠洞中;食虫鸟类。

(116)白顶䳭 *Oenanthe pleschanka*

夏候鸟;古北界;分布型:中亚型(D)

雄鸟夏羽自额至后颈白色;上背和两翼黑色,脸侧、颏及喉黑色;下体余部白;腰和尾上覆羽白;中央尾羽黑而基部白,其他尾羽白而端黑,最外侧尾羽黑色部分短于其全长之半。雌鸟上体大都土褐色。

中国北方常见,单个或成对活动于多石块而有矮树的荒地、农庄城镇及荒漠灌草丛边缘;营巢于洞穴、石缝、石堆中;主要以昆虫为食。

(117)漠鹏 *Oenanthe deserti*

夏候鸟;蒙新区、青藏区;分布型:中亚型(D)

上体额至腰沙黄色;两翅黑褐具浅色羽缘;尾上覆羽白色;尾羽黑色,基部白色,中央尾羽和其他尾羽黑色部分几等长,最外侧尾羽黑色部分不短于其全长之半。雄鸟脸侧、颏及喉黑色。

喜多石的荒漠及半荒漠边缘地带,常栖于低矮灌丛;于石隙或壁洞中筑浅碗状巢;胃检食物有昆虫及其幼虫、杂草种子。

36 画眉科 Timaliidae

(118)山噪鹛 *Garrulax davidi*

留鸟；古北界；分布型：华北型(B)

身体大都灰暗褐色，无明显斑纹；尾羽黑褐；颏黑；眉纹浅色；嘴稍弧曲。

中国特有种。栖息于高山灌木丛生和多矮树的山坡上，亦活动于山区农田旁的灌丛中。巢建于茂密灌丛中，基本不高飞离开灌丛。善于地面刨食。夏季以昆虫为主；冬季则以植物种子为主。

37 鸦雀科 Paradoxornithidae

(119)文须雀 *Panurus biarmicus*

旅鸟或冬候鸟；古北界；分布型：不易归类(O)

体小巧；头灰，雄性有特征性的黑色锥形髭纹；身体其余部分棕栗色；翅上有黑白斑纹；尾长，凸尾。

河西走廊西部多见，成群活动于沼泽边芦苇丛中，不停跳动并轻声鸣叫；主要以芦苇籽和植物芽为食。

38 莺科 Sylviidae

特征:体形纤小,嘴形细;羽色多单纯,多为橄榄绿或黄褐色。多栖于山林灌丛,于枝条间跳窜。

(120)东方大苇莺 *Acrocephalus orientalis*

夏候鸟;广布种;分布型:不易归类(O)

俗称呱呱唧。嘴厚大而端部色深;上体棕褐;眉纹白色或淡黄;胸具少许不明显的灰褐色纵纹;下体白;胸侧、两胁及尾下覆羽沾暖皮黄。

主要栖息活动于池塘、沼泽的蒲草丛、芦苇丛中,常站在芦苇顶上高声鸣叫;杯状巢筑于蒲草芦苇中;胃检食物有鞘翅目、直翅目昆虫及部分杂草种子。

(121)白喉林莺 *Sylvia curruca*

夏候鸟;华北区、蒙新区;分布型:
不易归类(O)

体较麻雀小(13cm),上体羽色为暗
沙褐色,下体污白,额较蓝灰,喉白,贯
眼纹近黑褐色。

地方性常见,多活动于荒漠灌丛、矮林;深杯状巢多筑于密枝权
间;食虫鸟类。

(122)漠白喉林莺 *Sylvia minula*

夏候鸟;蒙新区;分布型:不易归类
(O)

上体羽色沙褐色,喉白,似白喉林莺
但体羽灰色较淡,两颊褐色较淡。

河西走廊都有分布,荒漠半荒漠地带沙枣、柽柳等树灌丛中
活动。

39 山雀科 Paridae

特征:体形比麻雀小,嘴短而强,头圆尾较长。常见的居留型食虫鸟类。多在墙缝、树洞中筑巢。

(123)大山雀 *Parus major*

留鸟;广布种;分布型:古北型(U)或不易归类(O)

头黑,两颊具大白斑;背到腰由黄绿色转

为蓝灰;腹面白色,中央贯以显著的黑色纵纹。鸣声易与其他鸟类区别。

常见的山区、平原林栖鸟类,性较活泼,常在树枝间跳来跳去;营巢于树洞、石隙或墙洞间,呈杯状;食物主要为昆虫。

40 长尾山雀科 Aegithalidae

(124)银喉长尾山雀 *Aegithalos caudatus*

留鸟或冬候鸟;广布种;分布型:古北型(U)

体形小巧(16cm);头圆钝而尾长;头顶黑色,中央具黄灰纵纹;尾黑色;喉中央具银灰色块斑;下体余部淡葡萄红色。

性活泼,结小群在树冠层及低矮树丛中活动。夏季分布较高,冬季降至低山及平原地区防护林带或路旁树上,一般不会离树高飞。

41 旋壁雀科 Tichidromidae

(125)红翅旋壁雀 *Tichodroma muraria*

留鸟或夏候鸟;广布种;分布型:不易归类(O)

嘴长于头长,细长略下弯;体羽灰色,翅具醒目的绯红色斑纹,初级飞羽

具两排白点斑;夏羽喉黑,冬羽喉白。

栖息在峭壁或山陡坡壁上,常沿崖面短距离飞行,紧贴陡壁停息;有不时伸展双翅的习性,有垂直迁徙现象;在崖壁间捕食昆虫。

42 雀科 Passeridae

(126)(树)麻雀 *Passer montanus*

留鸟;广布种;分布型:古北型(U)

即常见的麻雀。额至颈背肝褐色;上体余部棕褐色,密布棕、黑相间的纵纹;头侧和喉具黑色斑块;雌雄相似。

集群活动于村落及城镇周围的各种生境,伴人鸟种;筑巢于屋檐、墙洞、树洞中;以植物种子和昆虫为食。

(127)黑顶麻雀 *Passer ammodendri*

留鸟;蒙新区;分布型:中亚型(D)

亦称西域麻雀。雌雄不同,雄鸟头顶有黑色的冠顶纹至颈背,头顶两侧栗红色,眼纹及颏、喉中央黑色。雌鸟头顶色泽及颏、喉中央黑色都淡,不似雄鸟显著。

干旱区代表种类,多活动于沙漠绿洲、河床及贫瘠山麓地带的树上,常集群活动;在胡杨树洞内筑巢或于沙枣树上筑球形树巢;胃检食物有昆虫及其他杂草种子。

(128)家麻雀 *Passer domesticus*

留鸟;蒙新区、青藏区;分布型:不易归类(O)

雄鸟与(树)麻雀的区别在顶冠铅灰色,眼后深栗色,两颊无黑色斑块,喉及上胸的黑色较多。雌鸟色淡,具浅色眉纹。

是当今地球上分布区域最广泛的鸟类物种,在国内分布于内蒙古东北部、新疆西部,目前有扩散到河西走廊西部荒漠的迹象。筑巢地点很广泛,屋檐下、砌砖石块的空隙、岩石间、灌木丛等处筑巢。以植物种子和昆虫为食。

43 燕雀科 Fringillidae

特征:嘴圆锥形。食物主要为植物种子。

(129)金翅雀 *Carduelis sinica*

夏候鸟;广布种;分布型:东北型(M)

嘴圆锥状,上下嘴的嘴缘互相紧接;雄鸟额、颊及眉纹黄色;眼先和眼周黑;翅黑色具宽阔的黄色翼斑;尾呈叉形;雌鸟体色较雄鸟浅淡。

广泛分布于居民点周围的树林、河谷疏林、次生林中,常在树冠上层活动;在树冠上部靠主干的侧枝基部筑碗状巢;以植物种子为食,亦食昆虫。

(130)黄嘴朱顶雀 *Carduelis flavirostris*

留鸟;蒙新区、青藏区、西南区;分布型:古北型(U)

体小;头顶无红色点斑;上体沙褐色,腹部棕黄色;背和胸部及两胁多褐色纵纹;腰白或浅粉红;尾较长。

河西走廊西部干旱山区分布,栖息海拔高,多在沟谷灌丛、山坡草地成群活动,垂直迁徙,冬季可成大群。食物多为草籽。

44 鹀科 Emberizidae

特征：体形大小似麻雀，嘴圆锥状，上下嘴的嘴缘不处处相接而形成间隙。

(131) 小鹀 *Emberiza pusilla*

冬候鸟；广布种；分布型：古北型（U）

体小而多纵纹；雄鸟头顶中央栗红色，两侧各具一黑色宽带；脸部有栗色斑；下体近白；嘴圆锥状；外侧尾羽白色。

秋冬季节分布于河西走廊中、西部，栖息于灌木丛、小乔木、村边树林与草地、苗圃等生境。多结群生活，秋季一般结为大群。主要以草籽、果实等植物性食物为食。

(132) 戈氏岩鹀 *Emberiza godlewskii*

夏候鸟；广布种；分布型：不易归类（O）

头部蓝灰色；侧冠纹栗色而非黑色，眼后纹栗色；上背棕褐，羽具黑轴纹；腹部淡

土棕色；尾较长，凹形，外侧尾羽白色。

多栖息在干旱多石的山坡灌丛，有垂直迁徙现象，杂食性。

（133）灰头鹀 *Emberiza spodocephala*

夏候鸟；广布种；分布型：东北型（M）

繁殖期雄鸟的头、颈背、颏灰，喉和胸橄榄

绿色；背面橄榄褐色，具黑褐条纹；下体鲜黄；尾方形，外侧尾羽具白斑。

河西走廊东部分布，栖息活动于居民点、耕地附近，以及路旁的树林、灌丛间；雄鸟常于清晨在枝头鸣叫，鸣声婉转动听；多于灌丛或地面草丛营杯状巢；胃检食物有昆虫碎片及植物残渣。

（134）芦鹀 *Emberiza schoeniclus*

旅鸟或冬候鸟；古北界；分布型：古北型（U）

上体多棕色。雄性头上部黑色，下髭纹白色，连至后头，颏、喉及上胸黑色，与苇鹀的区别在于翼角（小覆羽）为棕色而非灰色；雌鸟及非繁殖期雄鸟头部的黑色多褪去，头顶及耳羽具杂斑。

冬季见于河西走廊中、西部；活动于高芦苇地及周边灌丛，也在林地、田野及开阔原野取食，主要以草籽为食。

哺乳纲
MAMMALIA

7目，12科，29种

I 食虫目 Insectivora

1 猬科 Erinaceidae

(1) 大耳猬 *Hemiechinus auritus*

蒙新区;分布型:中亚型(D)

体形较小,体长200mm左右。耳较大,露于周围棘刺之外。棘刺及覆毛颜色浅淡,头部体侧及腹部被毛细软。

分布于河西走廊中部,为荒漠、半荒漠地带典型的种类,多栖居于沙漠及沙漠绿洲。穴居,大多利用其他小型动物废弃洞穴。夜间活动。以昆虫和小动物为食,也吃植物性食物。

II 翼手目 Chiroptera

2 蝙蝠科 Vespertilionidae

(2) 大耳蝠 *Plecotus auritus*

古北界;分布型:古北型(U)

中小型(体长45~51mm);耳壳极大(耳长36mm左右),其长度显著长于头部,几与前臂等长;尾甚长(尾长47mm左右),且包括在股间膜之内;下颌每侧有齿6枚。

河西走廊都有分布。大多栖息在树洞、房屋的顶部、废墟的墙缝、土隙、石缝、岩洞中。4月中下旬出蛰,9月下旬至10月开始入蛰冬眠。白昼倒悬蜷缩于栖所,傍晚外出飞行捕食。主要捕食昆虫。

Ⅲ 兔形目 Lagomorpha

3 兔科 Leporidae

(3)草兔 *Lepus capensis*

广布种；分布型：不易归类（O）

体形较大（体长450mm左右），尾较长，尾长占后足长的80%。尾背中央有一长而宽的大黑斑，其边缘及尾腹面毛色纯白。耳中等长，占后足的83%。

为国内野兔最常见种类，国内有8个亚种。大多栖息于荒漠半荒漠的绿洲中，常以低凹处、草丛、灌丛为其临时栖息场所。

4 鼠兔科 Ochotonidae

(4)高原鼠兔 *Ochotona curzoniae*

青藏区；分布型：高地型（P）

体形中等（体长165mm左右）；鼻尖及唇周黑色，也叫黑唇鼠兔；被毛沙黄褐色；耳小而短圆，耳边缘白色；爪发达。

在河西见于祁连山地，栖于亚高山、高山草甸草原，以植物根、茎、叶为食，盗食大量牧草，在草原上打洞破坏草场，危害牧业生产。

(5)大耳鼠兔 *Ochotona macrotis*

青藏区;分布型:高地型(P)

体形较大（体长150~200mm），体粗壮;耳圆长（约30mm），无白色毛边;吻侧须极长,后可达前肢后方;后肢稍长于前肢。

河西走廊分布较广,栖息于河谷陡岸、裸岩峭壁。常独居,性活泼。以杂草及苔藓为食。

IV 啮齿目 Rodentia

5 松鼠科 Sciuridae

(6)喜马拉雅旱獭 *Marmota himalayana*

青藏区;分布型:古北型(U)

体形大而肥胖(体长5000~6000mm);毛黄褐色;尾较短,其长不超过后足长的2倍,末端扁平;耳壳小;四肢粗短。

在祁连山草地分布广,栖居于高山草甸草原。营家族群穴居生活,洞道结构复杂。具冬眠习性。取食莎草科、禾本科植物。

6 仓鼠科 Cricetidae
田鼠亚科 Arvicolinae

(7) 麝鼠 *Ondatra zibethicus*

古北界；分布型：古北型（U）

俗称"水耗子"。
体形较大（体长可达
300mm 左右）；头较扁
平，耳退化，触须长；前
肢短无蹼，后肢较长，
趾间具半蹼；尾黑色，
粗大而侧扁，尾上覆有
小鳞片和稀疏短毛；背
毛黑褐色，腹部棕
灰色。

河西走廊都有分布，栖息于水草丰富的池塘、水库、湖沼、河流。
洞穴在堤岸上，善游泳，水生生活。以水边植物的根、茎、叶为食。

(8) 根田鼠 *Microtus oeconomus*

广布种；分布型：古北型（U）

体形中等大小（体长约为105mm），较普通田鼠略大而粗壮，体毛
蓬松，吻部短而钝，耳壳短小，尾为体长之1/3或1/4，足及四肢均较
短，无颊囊。

祁连山地有
分布，栖息于比
较潮湿、多水的
生境，农田、苗圃
绿洲中亦有分
布。以植物绿色
部分为食，冬季
挖食植物根部、
块茎幼芽、种子。

仓鼠亚科 Cricetinae

(9)小毛足鼠 *Phodopus roborovskii*

蒙新区;分布型:中亚型(D)

体小,长不超过90mm;尾极短,仅露出于毛被之外;后足短而宽,足掌、掌蹠下面全被密毛;背部中央不具黑色条纹,腹毛色纯白,背腹界线清晰,无镶嵌现象;有颊囊。

广布于河西走廊,栖息于荒漠、半荒漠和植被稀疏的沙丘边缘,在荒漠边缘的农田也可发现。营夜间活动的生活方式,以绿色植物的种子、果实为食,亦猎食昆虫。

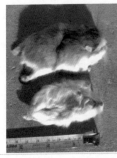

(10)灰仓鼠 *Cricetulus migratorius*

蒙新区;分布型:中亚型(D)

体形略小(体长85~120mm);背为单一颜色,不具黑色条纹;尾较长,为体长的30%左右;耳圆,周边无明显白边,吻钝,有颊囊,乳头4对。

广布种;栖息于干草原、荒漠、高山、河谷、农田、绿洲等生境;洞穴简单,有贮粮仓;年繁殖2~3次;以植物种子为食,也取食昆虫。

沙鼠亚科 Gerbillinae

(11)大沙鼠 *Rhombomys opimus*

蒙新区;分布型:中亚型(D)

体形较大(体长175mm左右);体背浅沙黄色;腹面污白;尾粗长(近与体长),被密毛,末端毛较长形成笔状毛束;每个上门齿前有2条纵沟;耳较短小,不及后足之半。

河西荒漠都有分布,以生长梭梭、白刺的半荒漠生境数量最多;营白昼生活方式,不冬眠;家族式群居,沙丘上筑洞,洞群密集,洞穴构造复杂;最喜食梭梭、盐爪爪等绿色枝叶。

(12)子午沙鼠 *Meriones meridianus*

蒙新区、青藏区;分布型:中亚型(D)

中小型鼠类,成体长不足150mm;背毛沙黄色,腹毛纯白;尾全为棕黄色或其腹面为白色,尾甚长,其长等于或略短于体长;每个上门齿前仅有1条纵沟。

河西地区很常见,常栖息于荒漠、半荒漠的固定或半固定沙丘灌丛,在农田、荒地、丘陵等处也有分布,在荒漠区为优势常见种;主要夜间活动;年繁殖2~3次;主要吃植物种子和绿色部分。

(13)柽柳沙鼠 *Meriones tamariscinus*

蒙新区;分布型:中亚型(D)

外形似子午沙鼠,但后足掌中央毛色棕或棕褐,且形成一条深色条斑。尾双色,上面黑褐,下白。每个上门齿前仅有1条纵沟。

多见于河西走廊西端,多栖居于水分较好的柽柳灌丛荒漠。以夜间活动为主,白天也偶出现。不冬眠。年繁殖2次。食性甚广,以植物的绿色部分、种子和地下部分、芽、小麦、草籽、浆果为食,偶食甲虫、蚂蚁。

7 跳鼠科 Dipodidae

(14)五趾跳鼠 *Allactaga sibirica*

古北界;分布型:中亚型(D)

头圆,吻钝,耳大,眼大。成体体长超过130mm。后肢为前肢长的3~4倍。后足5趾,第1、5趾趾端不达其他3趾的基部。体背灰棕褐色,腹面白色。尾穗黑色部分前有一白色环。尾背方棕黄色,腹方为污白色,末端毛束发达。上门齿前面白色。

河西荒漠戈壁常见种类,栖息于地形较平缓的山前草原、荒漠半荒漠生境;适应性强;冬眠,每年繁殖1次;以植物茎叶为食,亦食昆虫等动物。

(15)三趾跳鼠 *Dipus sagitta*

古北界;分布型:中亚型(D)

外形似五趾跳鼠,但较小(体长110~
128mm)。门齿前面橙黄色,中央有纵沟。耳
壳贴头前折不达眼前缘。前肢短小,具5趾;
后肢约为前肢的3倍,具3趾;各趾下被有梳状硬毛。尾端有由黑褐色
和白色组成的毛束或"旗"。

河西荒漠戈壁优势种类,为荒漠和半荒漠生境广布种。栖息于
半固定沙丘、砾石荒漠、沙丘、农田附近等许多生境。昼伏夜出。冬
眠,每年繁殖1次。摄食固沙植物。

(16)长耳跳鼠 *Euchoreutes naso*

蒙新区;分布型:中亚型(D)

体形小,体长不超过100mm。吻端呈圆形截面,如同"猪拱"。耳
极大,显著超过头长,接近体长的一半。尾长约为体长2倍,尾端有明
显的白、黑、白三段相间的尾穗。后足5趾。

河西中、西部荒漠都有分布,栖居荒漠或半荒漠草原。常活动于
土质疏松的沙地和半固定沙丘。食植物种子和昆虫。

V 食肉目 Carnivora

8 鼬科 Mustelidae

(17) 艾鼬 *Mustela eversmanni*

古北界；分布型：古北型（U）；国家 II 级保护动物

体细长；体背浅黄色，体后半部呈褐黄色，腰部黑黄色；面部眼周、眼间及面正中棕黑色，上下唇和鼻周白色；耳缘近白；喉部、腹部、

四肢、鼠蹊部及尾部末端 1/3 为黑色或棕黑色，腹侧灰橘黄色。

分布于河西走廊东、西端祁连山地，栖息开阔的山地和草原；穴居；黄昏或夜间觅食，主要以啮齿动物为主，亦吃小鸟、鸟卵和鱼、蛙等。

(18) 黄鼬 *Mustela sibirica*

广布种；分布型：古北型（U）；国家 II 级保护动物

体形细长，四肢短。颈长、头小。尾长约为体长之半。背部毛棕褐色或棕黄色，吻端和颜面部深褐色，鼻端周围、口角和下颏白色，杂有棕黄色，身体腹面颜色略淡，尾部、四肢与背部同色。肛腺发达。

分布较广，栖于高山裸岩和多石地带，多单独活动，穴居，夜行性，性急凶残，行动敏捷，以鼠类、小鸟为食。

9 猫科Felidae

(19)荒漠猫 *Felis bieti*

古北界;分布型:中亚型(D);国家**II**级保护动物

体形似家猫但较大,体长为600～800mm;头部、背部棕色或沙黄色;上唇黄白色,胡须白色;两个眼内角各有一条白纹;四足掌面具黑褐长毛;尾端具3～4个黑环。

我国特有种。栖于荒漠、半荒漠地带;夜行性,白天偶见;主要食物为啮齿动物、鼠兔、旱獭、蜥蜴、鸟类等。

(20)草原斑猫 *Felis silvestris*

蒙新区;分布型:不易归类(O);国家**II**级保护动物

身体的背部呈淡沙黄色至浅黄灰色,背部和身体侧面的毛色逐渐转为浅淡色,腹面则为淡黄灰色。全身都具有许多形状不规则的棕黑色斑块或横纹,耳尖略有棕黑色簇毛。尾巴上面有5～6条棕黑色横纹,尾巴的下面为白色。

河西西部有分布,栖息于荒漠、半荒漠地区,以及草原、沼泽地和海拔1000m以下的盆地或低地山区森林地带,对环境的适应性较强。单独在夜间或晨昏活动,白天隐匿于树穴或灌丛中。肉食性。

10犬科　Canidae

(21)狼 *Canis lupus*

广布种;分布型:全北型(C)

吻尖长,口稍宽阔,耳竖立不曲,胸部略微窄小,尾挺直状下垂,毛色棕或灰色。

广泛分布,栖息于山地荒漠草原、高山草甸,直到高山冻原带。性喜集群,性机警而残忍。食性较杂,但以野兔、旱獭、盘羊、岩羊为主要食物。

(22)赤狐 *Vulpes vulpes*

广布种;分布型:全北型(C);国家Ⅱ级保护动物

体形细长,成兽体长约700mm;颜面部狭长,吻尖;耳大而直立,耳背上半部为黑色;四肢较短;尾毛蓬松,尾末白色;肛门附近有臭腺,分泌物具特殊的臭味;毛色随季节、年龄和产地不尽相同,通常自头顶至背中央浓栗褐色,背部红棕色,颈、肩、身体两侧微黄,腹毛白或黄白色,尾上面红褐色。

河西走廊分布较广,栖居森林、草原、丘陵等不同生境;洞居;昼伏夜出;食性很杂,包括鼠类、野兔、野禽,亦吃昆虫、蛙,以及各种野果。

(23)沙狐 *Vulpes corsac*

蒙新区;分布型:中亚型(D)

比赤狐小,毛色呈浅沙褐色到黄褐色,颊部较暗,耳壳背面和四肢外侧灰棕色,腹下和四肢内侧为白色,尾基部半段毛色与背部相似,末端半段呈灰黑色,四肢相对较短。

栖于开阔的荒漠半荒漠地区、亚高山草甸,在盐池湾见于鼠兔较多的河谷地带的草甸。以兔、鼠兔、旱獭为主要食物。

VI 奇蹄目 Perissodactyla

11 马科 Equidae

(24)蒙古野驴 *Equus hemionus*

蒙新区;分布型:中亚型(D);国家II级保护动物

外形似骡,头较短宽,颈背具短鬃;尾较粗而先端被长毛;前肢内侧具胼胝体;体背毛色沙棕色,腹部污白色,背部有一棕褐色的脊线。

见于河西走廊西部荒漠戈壁,栖于荒漠草原、山间谷地。常3~5匹成群游荡生活。交配期8—9月,产仔期6—7月。食草及灌木枝叶。

(25)普氏野马 *Equus ferus przewalskii*

蒙新区;分布型:中亚型(D);国家I级保护动物

头部大而短钝,脖颈短粗,口鼻部尖削,嘴钝,牙齿粗大。耳短而尖,口鼻有斑点。背部平坦,有明显深色背线;四肢短粗,腿内侧毛色发灰,常有2～5条明显黑色横纹,小腿下部呈黑色。尾巴粗长。

由俄军官普热瓦尔斯基在1881年命名,与新疆相接的河西西部有原产地,后野生种群现灭绝,20世纪80年代末期以来,野马从欧洲人工种群引回中国新疆、瓜州、敦煌等地半散放养殖。野生的普氏野马栖息于缓坡上的山地草原、开阔的戈壁荒漠及水草条件略好的沙漠、戈壁,以荒漠上的芨芨草、梭梭、芦苇、红柳等为食。

Ⅶ 偶蹄目 Artiodactyla

12 牛科 Bovidae

(26)鹅喉羚 *Gazella subgutturosa*

蒙新区;分布型:中亚型(D);国家Ⅱ级保护动物

地方名:粗脖黄羊。外形似黄羊,但耳较长大,尾亦较长。雄性角升起后向后弯,仅角尖1/3段显著内弯并向上,角基段、中段具横棱,近角尖1/3段光滑无棱;雌性无角。颈细长。体色棕黄,臀斑形小而色白。

典型的荒漠、半荒漠动物,河西走廊都有分布,为华北亚种(**G. s. hilleriana**);耐旱性强,栖息在异常干旱、土壤贫瘠的环境;独居或十余只成小群;有季节性迁徙;以冰草、野葱、针茅等草类为食。

（27）盘羊 *Ovis ammon*

蒙新区、青藏区；分布型：高地型（P）；国家 II 级保护动物

地方名：大头羊。体形粗壮，肩高大于臀高，头大颈粗；雌雄均具角，雄性角特别大，呈螺旋状扭曲一圈多；耳小，四肢粗短，尾短小；体色为褐灰色或污灰色，胸、腹部、四肢内侧及臀部呈污白色。

河西地区中、西部山地有分布，走廊北部马鬃山为华北亚种（*O. a. darwini*），走廊南部肃南、阿克塞分布为阿尔金亚种（*O. a. dalailamae*）。生活于开旷的高山裸岩带及半荒漠丘陵地带，夏季常

活动于雪线的下缘，冬季在低山谷地生活，有季节性的垂直迁徙习性。每年 10 月进入发情期，来年 4—5 月产仔。主要以杂草和灌木枝叶为食。

(28)岩羊 *Pseudois nayaur*

青藏区、西南区;分布型:高地型(P);国家 **II** 级保护动物

　　地方名:青羊、石羊。体背及体侧青灰或灰褐色,胸部黑褐色下延至前肢前面成一显著黑纹,后肢前面也有横纹,腹部和四肢的内侧呈白色或黄白色,尾背面末端的2/3为黑色。雌雄都有角,雄性角粗大并向外展开,角间距很宽。

　　分布于整个河西地区山地,为四川亚种(*P. n. szechuanensis*)。栖息在海拔2100m以上的高山裸岩地带,性喜群居,常十多只或几十只在一起活动,有时也可结成数百只的大群。产仔期为7—8月。以杂草和灌木枝叶为食。

(29)北山羊 *Capra ibex*

蒙新区;分布型:高地型(P);国家 I 级保护动物

地方名:大红羊。体色灰棕;雌雄均具角,雄性的角更发达而后弯呈弯刀状,上面具粗大横棱;颏下有须,雄羊颏须棕黑色;尾较长,背面毛黑色;体背中线黑色;前肢前侧有黑条纹,膝关节处有白斑。

见于河西走廊西北部干旱石质山地,为西伯利亚亚种(*C. i. alaiana*)。栖息于海拔 3000~5000m 的裸岩地带和山腰碎石嶙峋的地带。非常善于攀登和跳跃,常结成小群活动。产仔期为 5—6 月。以荒漠半荒漠干旱植物为食。